工业和信息化普通高等教育 "十四五"规划教材立项项目 | 高等院校网络与新媒体 新形态系列教材

短视频

编辑制作实战教程

策划 拍摄 剪辑 发布 运营

郭子辉 施颖钰◎主编

白华艳 赵丽平 倪雪琴◎副主编

U0176895

Short Video
Editing and Production
Practice Course

人民邮电出版社

北京

图书在版编目（CIP）数据

短视频编辑制作实战教程：策划 拍摄 剪辑 发布 运营：微课版 / 郭子辉，施颖钰主编. -- 北京：人民邮电出版社，2023.11
高等院校网络与新媒体新形态系列教材
ISBN 978-7-115-61992-1

Ⅰ. ①短… Ⅱ. ①郭… ②施… Ⅲ. ①视频制作－高等学校－教材 Ⅳ. ①TN948.4

中国国家版本馆CIP数据核字(2023)第108286号

内 容 提 要

本书面向零基础读者，系统全面地介绍了短视频的策划、拍摄、剪辑、发布、运营等相关知识。全书共10章，包括短视频概述、短视频的策划、短视频的拍摄、短视频剪辑基础、Premiere Pro剪辑、短视频的发布、短视频的运营、短视频的商业变现、综合实战——拍摄与制作"打工人的一天"Vlog、综合实战——拍摄与制作商品宣传片等内容。本书对短视频编辑制作技能技巧的讲解较为细致，实战性强，提供的教学资源既丰富又有时代感。

本书可作为高等院校网络与新媒体、电子商务、数字媒体等专业相关课程的教材，也可作为短视频制作、短视频运营、网络营销等相关从业人员的参考书。

◆ 主　编　郭子辉　施颖钰
　　副主编　白华艳　赵丽平　倪雪琴
　　责任编辑　孙燕燕
　　责任印制　李　东　胡　南

◆ 人民邮电出版社出版发行　　北京市丰台区成寿寺路 11 号
　邮编　100164　　电子邮件　315@ptpress.com.cn
　网址　https://www.ptpress.com.cn
　三河市君旺印务有限公司印刷

◆ 开本：700×1000　1/16
　印张：12.25　　　　　　　　2023 年 11 月第 1 版
　字数：302 千字　　　　　　2025 年 1 月河北第 5 次印刷

定价：52.00 元

前言

PREFACE

在新媒体时代，短视频凭借其表现力强、内容有趣、制作简单、能够满足用户碎片化的观看需求等特点，逐渐成为人们浏览资讯、分享信息的渠道之一。此外，短视频凭借其高市场覆盖率和强大的社会影响力，不仅给人们的生活、工作、学习带来了方便，还给短视频运营者带来商业变现的机会。很多从业者也注意到短视频的巨大潜力，开始投身于短视频的创作与运营中，依托短视频来开展引流和运营工作。

短视频让很多用户参与其中，许多短视频的用户同时也是短视频的创作者。在短视频平台上，每一位短视频创作者都有被别人关注的机会，其创作的作品都可以被看见、被欣赏，这些作品也都有机会成为某个领域的热门内容。短视频创作者要想创作出令人惊艳的短视频作品，并使其在短时间内获得广泛关注，不仅要做好前期的策划工作，紧跟时事热点，制造话题，抓住用户痛点，还要重视短视频的拍摄和剪辑工作，提高短视频的质量，并通过一系列的运营措施实现商业变现。

短视频行业的快速发展，使得企业对短视频策划、拍摄、剪辑、运营等人才的需求逐步加大。同时，院校也缺少相关的教材，在对众多院校新媒体类专业课程的教学目标、教学方法、教学内容等多方面调研的基础上，编者有针对性地设计并编写了本书，其特色如下。

（1）**精心编排，定位零基础**。在编排本书内容时，编者充分考虑到读者的接受能力，不求多、不求全，着重选择短视频制作过程中必备、实用的知识进行讲解。读者不需要具备太多的技术基础，只要跟随本书讲解即可轻松上手。

（2）**体系完整，逻辑性强**。本书以短视频的制作与运营为导向，采用"理论知识＋案例实操"的架构，系统介绍了短视频策划、拍摄、剪辑、发布、运营等内容，知识体系完整且具有较强的逻辑性。

（3）**图解教学，清晰直观。**本书采用图解教学的方法，在介绍短视频剪辑软件的操作时，给出标注清晰的示意图，让读者在学习的过程中能够清楚、直观地掌握短视频剪辑的操作流程与方法，提高学习效率。

（4）**专业讲解，互动教学。**本书将复杂难懂的知识通过专业的体系结构划分和深入浅出的讲解，变成能够轻松阅读和上手操作的内容，具有很强的指导性与实用性。此外，本书精心设计了大量的"课堂讨论"，旨在引导读者发挥主观能动性，提高读者的独立思考能力，从而将书中知识应用到实际工作中。

（5）**立德树人，素养教学。**本书全面贯彻党的二十大精神，落实立德树人的根本任务，以培养读者复合能力为根本目标，书中设置素养课堂的内容，力求强化对读者职业素养的培育，进而提高读者的综合素质。

本书由郭子辉、施颖钰担任主编，白华艳、赵丽平、倪雪琴担任副主编。尽管编者在本书的编写过程中力求精益求精，但书中难免存在疏漏之处，恳请广大读者批评指正。

编者

2023年9月

本书使用指南

为了方便教学，编者为使用本书的教师提供了丰富的教学资源，精心制作了教学大纲、电子教案、PPT 课件、案例素材、实训资源、课后习题答案、题库与试卷管理系统等教学资源，其内容及数量如表 1 所示。用书教师如有需要，请登录人邮教育社区（www.ryjiaoyu.com）搜索书名并获取相关教学资源。

表 1　教学资源及数量

编号	资源名称	数量
1	教学大纲	1 份
2	电子教案	1 份
3	PPT 课件	10 份
4	案例素材	1 份
5	实训资源	1 份
6	课后习题答案	10 份
7	题库与试卷管理系统	1 套

本书作为教材使用时，课堂教学建议安排 28 学时，实践教学建议安排 16 学时。主要内容和学时安排如表 2 所示，用书教师可根据实际情况进行调整。

表 2　主要内容和学时安排

章节	主要内容	课堂教学学时	实践教学学时
第 1 章	短视频概述	2	1
第 2 章	短视频的策划	3	1
第 3 章	短视频的拍摄	4	2
第 4 章	短视频剪辑基础	4	2
第 5 章	Premiere Pro 剪辑	4	2
第 6 章	短视频的发布	3	1
第 7 章	短视频的运营	2	2
第 8 章	短视频的商业变现	2	1
第 9 章	综合实战——拍摄与制作"打工人的一天"Vlog	2	2
第 10 章	综合实战——拍摄与制作商品宣传片	2	2
学时总计		28	16

为了帮助读者更好地学习本书，编者精心录制了配套的微课视频。书中的实操部分都添加了二维码，读者扫描书中的二维码即可观看微课视频，微课视频的名称及页码如表3所示。

表3　微课视频的名称及页码

目录
CONTENTS

CHAPTER
01

第1章
短视频概述

学习目标

* 认识短视频
* 熟悉常见的短视频类型
* 熟悉常见的短视频平台
* 掌握短视频的制作流程
* 学会安装并注册短视频 App

课前思考

短视频行业飞速发展，快手、抖音等平台竞相涌现。短视频作为新型媒体，注重迎合用户碎片化的观看习惯，以期获得流量，其获利模式具有巨大的行业潜力。

众人对短视频看法不一，有褒有贬。有人认为短视频耗费大量时间，传播一些低俗雷同的观念，不利于身心健康。有人则认为短视频相较于传统媒体，具有表现力强、直观的特点，而且大部分视频时长相对较短，一般在几秒到几分钟不等，有助于人们利用碎片化时间进行信息的获取，能够提高效率；并且还有助于人们利用短视频学习各个领域的知识，在娱乐中了解世界。

短视频的出现和兴起是顺应时代发展的，它正在慢慢地改变我们的生活。短视频能带来精神上的娱乐和放松，也是我们进行学习的便捷工具。其实，新事物的出现并无好坏之分，重要的是使用的人如何对待。我们可以做的，就是趋利避害，利用其获得有益的东西，不断完善自我。

思考题

1. 你喜欢看短视频吗？原因是什么？
2. 结合案例内容，分析短视频对周围环境或人的影响。

1.1　认识短视频

↘ 1.1.1　短视频的概念

扫一扫
短视频的概念

短视频是一种继文字、图片、传统视频之后新兴的互联网内容传播形式，它融合了语音和视频，可以更加直观、立体地满足用户表达和沟通的需求，满足用户相互之间展示与分享信息的诉求。短视频主要依托于移动智能终端（各种新媒体平台）实现快速拍摄和美化编辑，是可以在社交媒体平台上实现实时分享的一种新型媒体传播形式。

表 1–1 所示为目前各主流短视频平台对短视频时长的定义及短视频呈现方式。

表 1–1　目前各主流短视频平台对短视频时长的定义及短视频呈现方式

平台	时长定义	短视频呈现方式
抖音	15 分钟以内	横、竖屏都可以
快手	10 分钟以内	竖屏为主
哔哩哔哩	5 分钟以内	横、竖屏都可以
西瓜视频	无限制（5 分钟以内为宜）	横屏为主
微信视频号	60 秒以内	横、竖屏都可以
微博短视频	5 分钟以内	竖屏为主

由于短视频的时长较短，因此短视频适合用户在移动状态和短时休闲状态下观看并被高频推送。短视频内容可以融合技能分享、幽默搞怪、时尚潮流、社会热点、街头采访、公益教育、广告创意、商业定制等各类主题，因此也能够满足不同人群的观看需求。

 小贴士

"短视频"一词最早起源于美国移动短视频社交应用 Viddy。在我国，2011 年制作分享 GIF 动图的工具"GIF 快手"上线；2012 年快手从工具应用转型为短视频平台；2013 年微博秒拍和腾讯微视等短视频平台上线，将短视频推上了新的台阶；2014 年美拍的上线和 2015 年小咖秀的上线，使短视频行业形成了"百家争鸣"的局面；2016 年，抖音、梨视频和火山小视频上线；2017 年短视频进入爆发时期；到 2020 年，短视频行业逐渐形成了以抖音和快手为代表的"两超多强"的态势。

课堂讨论

你认为什么样的视频属于短视频？

↘ 1.1.2　短视频的特征与优势

扫一扫
短视频的特征与优势

相较于文字、图片和传统视频，为什么短视频能够吸引观众的视线，得到大众的喜爱呢？下面从其特征和优势方面展开分析。

短视频与传统视频相比，主要以"短"见长。短视频不是时长缩短了的长视频，也不是非网络视频在终端上的迁移，其具体特征如下。

①时长基本保持在 15 秒到 5 分钟。

②整个视频的节奏比较快。

③视频内容一般比较充实、紧凑。

④迎合用户碎片化的观看习惯。

⑤主要通过网络平台传播。

随着移动终端的普及和网络提速，"短、平、快"的大流量传播内容逐渐获得各大平台、粉丝和资本的青睐。与长视频相比，短视频在互动性和社交属性上更具优势，已经成为人们表达自我的一种社交方式；另外，短视频在传播上更具优势，便于全网内容分发和消费。具体来讲，短视频主要有以下优势。

1.　制作流程简单，生产成本低

在短视频出现之前，大众对制作视频的印象来自电影、电视剧，其需要专门的制作团队，流程复杂，成本高。短视频出现之后，大众发现自己拿起手机就可以拍摄短视频，然后经过简单的剪辑、加工便可以发布短视频与他人分享，制作流程简单，生产成本低。这种"即拍即传"的传播方式，降低了短视频创作的门槛，使普通大众也能够参与进来。

2.　时长短，内容丰富

短视频时长一般在 15 秒到 5 分钟，大多数控制在 1 分钟以内，时长短，符合当下快节奏的生活和工作方式；而且相较于文字、图片，短视频可以给用户带来更好的视听体验。由于时长短，因此短视频每一秒的内容都要很丰富，即浓缩就是精华，这大大降低了用户获取信息的时间成本，有助于用户充分利用碎片化时间。

3.　传播速度快，社交属性强

短视频是信息传递的新方式，是社交的延伸。用户将制作完成的短视频上传至短视频 App 之后，其他用户可以点赞、评论、转发分享和发私信；短视频 App 与微信、微博等其他社交平台合作，使用户可以将短视频转发到微信朋友圈和微博等，进行广泛的传播，为用户制作分享短视频提供了有利的条件。

4.　形式多样，个性化十足

短视频用户群体类别多，短视频内容的表现形式多种多样，符合不同群体的个性化和多元化的审美需求。有的短视频创作者运用创意剪辑手法和炫酷特效，有的短视频创作者采用情景剧形式，或搞笑，或感动，以此来充分展现自己的想法和创意，向观众传递情感等。观众也可以根据自己的兴趣爱好选择观看不同内容形式的短视频，从而满足自己的精神需求。

5.　观点鲜明，信息接受度高

在快节奏的生活方式下，大多数人在获取日常信息时习惯追求"短、平、快"。短视频传播的信息开门见山、观点鲜明、内容集中、言简意赅，容易吸引用户，并被用户理解与接受，信息传达度和接受度高。

6. 实现精准营销，营销效果好

短视频制作者可以根据用户的年龄、身份等信息进行内容垂直细分创作，因此与其他营销方式相比，短视频营销可以更加准确地找到目标用户，实现精准营销。目前，大多数短视频平台已经植入广告，用户在观看短视频的同时会看到广告，而且一些短视频中会插入购物链接，方便用户在观看短视频的同时购买自己所需要的商品，从而达到良好的营销效果。

课堂讨论

说说你看过的经典短视频有哪些，这些短视频最吸引你的是什么。

↘ 1.1.3 短视频的发展现状和趋势

当前短视频行业正在快速发展，用户数量不断增加，行业规模不断扩大，社会影响力持续增强，已经成为移动互联网产业的重要组成部分。

扫一扫
短视频的发展现状
和趋势

抖音、快手等头部短视频平台在下载量、排行榜和应用市场评论数等维度均体现出强大的竞争力，西瓜视频、抖音火山版、微视、美拍、秒拍等短视频平台以独特的用户定位吸引着不同的用户群，尤其一些新兴的短视频平台聚焦垂直细分领域，为行业发展持续注入新鲜血液，短视频平台呈现出"两超多强"、新兴平台百花齐放的局面。

中商情报网资讯：短视频行业与新闻、电商和旅游等行业的融合不断深入，短视频平台持续发挥其自身优势，助力乡村经济发展。

2022 年 8 月 31 日，中国互联网络信息中心（China Internet Network Information Center，CNNIC）在京发布第 50 次《中国互联网络发展状况统计报告》（简称《报告》）。《报告》显示，截至 2022 年 6 月，我国网民规模为 10.51 亿，互联网普及率达 74.4%；网络直播用户规模达 7.16 亿，较 2021 年 12 月增长 1290 万，占网民整体的 68.1%；短视频用户规模为 9.62 亿，较 2021 年 12 月增长 2805 万，占网民整体的 91.5%。

1. 短视频的发展现状

作为当今信息传播的重要方式之一，短视频经历了萌芽、成长、爆发到现在持续稳定发展的过程，内容模式也从用户生成内容（User Generated Content，UGC）转向了专业生产内容（Professional Generated Content, PGC）。

（1）短视频逐渐成为其他网络应用的基础功能

第一，短视频成为新闻报道的新选择。短视频为新闻报道提供了大量的信息，改变了新闻的叙事方式，扩宽了新闻的报道渠道，创新了新闻的传播方式。第二，短视频成为电商平台的新标准配置。各大电商平台持续布局短视频业务，通过短视频生动形象地展示商品，促进消费者形成产品认知，激发用户需求，提高转化效率。目前，短视频已经成为主流电商平台的标准配置，"种草"功能日益凸显，主播通过短视频的方式（见图 1-1），向消费者介绍产品的功能和用途，提高商品购买率。此外，短视频也成为旅游市场的新动力。近两年，短视频带火了一大批旅游景点（见图1-2），成为旅游业的重要营销手段。各大在线旅行平台纷纷打造自己的短视频内容社区，引导用户创作短视频游记，增加平台流量，从而实现流量变现。

（2）短视频平台积极探索助农新模式

作为主流网络应用，短视频平台通过内容支持、流量倾斜、营销助力和品牌赋能等手段开展助农行动，为农户解决生产和经营难题，助力乡村经济发展。部分短视频平台目前已形成涵盖农民、农技专家和企业等的整条农业产业链，搭建了线上交流学习及交易的社区。快手批量上线农技类课程，并发布"春耕农田春播计划"（见图1-3），对农技类短视频提供5亿元的流量助推扶持，同时让线下企业通过线上电商的方式进行销售，全链条、全场景支持农业生产和经营。抖音平台发起"全面助农"系列活动（见图1-4），提高各地农产品供需信息对接效率，帮助农户解决农产品销售难题。

图1-1

图1-2

图1-3

图1-4

2. 短视频的发展趋势

短视频正逐渐渗透大众的生活并慢慢改变人们的生活和工作方式，下面介绍短视频的发展趋势。

（1）短视频内容趋于优质和丰富

短视频行业本质上是内容驱动型行业，优质的内容是短视频平台制胜的关键。目前短视频行业令人诟病的问题之一便是内容同质化。由于短视频制作门槛低，最初吸引了一大批普通用户上传短视频，使普通用户有了展现自己的舞台。但是问题也随之而来，即短视频内容重复，极易使用户产生视觉疲劳，造成用户流失。随着资本的注入和专业团队的加入，短视频内容变得丰富多样。有的短视频创作者将生活中发生的有趣小事稍做加工，突出笑点，收获大批粉丝；有的短视频创作者运用自己的专业技巧，使用不同的剪辑特效，制作炫酷的短视频内容，吸引粉丝关注；有的短视频创作者制作情景剧，在几分钟内向观众讲述故事，内容既可以是亲情、友情、爱情，也可以是人生哲理，时长虽比电影、电视剧短，但内容优质、制作精良，能在众多短视频内容中吸引观众。

（2）短视频内容垂直细分，MCN模式不断成熟

当前娱乐化的短视频内容充斥着短视频平台，内容生产者要想在众多短视频中突出重围，

制作的短视频内容不仅要优质还要有差异，实现垂直细分，这样吸引的用户群体更加精准，粉丝黏性更强，更易于变现。例如，现在已经崭露头角的"短视频＋直播""短视频＋电商""短视频＋社交"等模式，未来"短视频＋"模式将成为常态，垂直细分愈加明显。

多频道网络（Multi-Channel Network，MCN）将不同类型的PGC联合起来，在资本的有力支持下保障内容的持续输出，从而实现稳定变现。简单而言，MCN机构通过与内容生产者签约或者自行孵化的方式，帮助内容生产者在内容生产、包装推广、运营变现等维度实现发展。随着"网红"经济的发展，MCN机构的出现不可避免。在MCN机构的推动下，内容生产者将产出越来越多的优质内容，促进短视频行业的发展和更多细分市场的形成。

（3）科技创新推动短视频进一步发展

5G的发展及普及，将大幅度提高移动通信的速率，有利于更多的内容生产者进行创作，加快短视频的传播速度，同时也将支撑增强现实（Augmented Reality，AR）、虚拟现实（Virtual Reality，VR）和人工智能（Artificial Intelligence，AI）等技术的发展和应用。"短视频＋VR/AR"可以丰富短视频的应用场景，提升用户体验，短视频行业的发展空间将越来越大。

素养课堂

教育心理学里有这样一个说法，一节课的时长之所以会设置为45分钟，是因为大部分人能够坚持认真学习的最长时间就是45分钟，45分钟过后最好停下休息一会儿，不然会影响后续学习的效率。而一个短视频的时长是多少呢？多数在5分钟以内。用户的专注力会因为短视频的时长变长而降低，换句话说，当用户习惯了知识获取时长为几分钟的时候，专注的时长也会由几十分钟逐渐变短。当然，用户也可以通过训练让自己专注的时长变长。

1.2 常见的短视频类型

↘ 1.2.1 人物写真类

图1-5

扫一扫
常见的短视频类型

人物写真类短视频即以人为主要内容进行拍摄的短视频。这类短视频的内容会使人物呈现出真实或更多面的形象。人物写真类短视频在传播时往往具有美观性和可看性，容易让用户产生代入感。

视频相比于图片，能更全面完整地记录下当时你想记录的瞬间。以前人们会化上精致妆容，穿上漂亮衣服拍写真；现在精致装扮后，可以拍个短视频来记录自己当下最美的样子，还可以带剧情拍摄。人物写真类短视频案例如图1-5所示。

↘ 1.2.2 娱乐搞笑类

娱乐搞笑类短视频一直是短视频领域的香饽饽，容易获得用户的关注。很多人看短视频的目的是娱乐消遣、缓解压力、舒缓心情，因此娱乐搞笑类的内容在短视频中占有很大的比重。娱乐搞笑类短视频案例如图1-6所示。

娱乐搞笑类短视频一般有两种，即情景剧和脱口秀。情景剧往往有一定的故事情节，内容贴近生活，通常由两人以上出演，注重情节的反转。脱口秀主要是结合时事热点话题，在他人话语或某个事件中找到一个切入点进行调侃，注重形成个人风格。由于娱乐搞笑类短视频往往能够为观众带来极大的乐趣，所以许多短视频创作者采用这种类型。

图1-6

↘ 1.2.3 旅拍 Vlog 类

旅拍 Vlog 类短视频是以旅行中的见闻和攻略为主，记录沿途趣事及感受的短视频。这类短视频不仅能展现沿途美景，还能表现创作者的心情。其细分类型有很多，包括风景、人文、历史遗迹、美食、宾馆酒店等。

旅拍 Vlog 类短视频呈现出独特的旅游景观，充分发挥了影像视听的特点，塑造了崭新的旅游形象，丰富了全新的旅游体验，满足了受众娱乐、悠闲、出游等需求，深受文艺青年喜爱并被广泛传播。旅拍 Vlog 类短视频案例如图1-7所示。

图1-7

↘ 1.2.4 美食分享类

美食分享类短视频的内容以制作美食、展示美食和试吃美食为主。美食承载着人们的情感，在日常生活中占据着非常重要的位置。优质的美食分享类短视频不仅向观众展示做美食的方法，还传递创作者对生活的态度。无论是爱好美食的用户，还是不会做饭的厨房新手，都会被美食分享类短视频吸引。美食分享类短视频案例如图1-8所示。

↘ 1.2.5 时尚美妆类

时尚美妆类短视频主要面向追求和向往美丽、时尚、潮流的女性群体，许多女性选择观看短视频是为了从中学习一些化妆技巧来帮助自己变美，以跟上时代的潮流。现在各大短视频平台上涌现出大量的时尚美妆博主，她们通过发布化妆短视频，逐渐积累固定的粉丝群体，吸引美妆品牌商与自己合作，这已经成为时尚美妆行业营销的重要推广方式之一。时尚美妆类短视频案例如图1-9所示。

图1-8

图1-9

↘ 1.2.6 实用技能类

实用技能类短视频主要涉及生活小技巧、专业知识、学习经验等诸多方面，具有很高的实用性。用户在短短几分钟内就可以学到一个生活小技巧，因此实用技能类短视频在各个视频平台都非常受欢迎。

实用技能类短视频不同于其他类型的短视频，既要讲究方法的实用性，又要追求制作的趣味性，以吸引用户关注，让用户在获得技能的同时还能体会到生活中的乐趣。实用技能类短视频案例如图 1-10 所示。

↘ 1.2.7　广告宣传类

广告宣传类短视频即对相关产品进行营销的短视频，这类短视频制作精美、时长较短。用短视频来进行产品宣传，能够降低成本，提升用户的交互体验，最大限度地提高产品的宣传质量。广告宣传类短视频受到越来越多的关注，它相应的热度也会被提高，从而公司可以减小宣传的力度。

广告宣传类短视频现已在京东、天猫以及淘宝等电商平台中普遍应用。广告宣传类短视频案例如图 1-11 所示。

图 1-10　　　　图 1-11

课堂讨论

分享一则你喜欢的短视频，说一说它属于什么类型。

知识拓展

按照生产方式分类，短视频可以分为 UGC、PUGC、PGC3 种类型。

（1）用户生成内容（User Generated Content，UGC）短视频，是指普通用户，即非专业的个人内容生产者原创的短视频。这类短视频的特点是制作门槛较低、创作手法简单，内容质量良莠不齐。

（2）专业用户生产内容（Professional User Generated Content，PUGC）短视频，是指专业用户创作并发布的短视频。这类短视频的特点是，由专业内容生产团队创作，团队成员包括策划、摄像、剪辑、演员等，分工明确。

（3）专业生产内容（Professional Generated Content，PGC）短视频，是指专业机构生产并发布的短视频。"专业机构"通常是指在线视频网站，如优酷视频、腾讯视频、哔哩哔哩等。

扫一扫
短视频的生产方式

1.3　常见的短视频平台

目前，常见的短视频平台有抖音、快手、西瓜视频、微信视频号、哔哩哔哩和淘宝卖家秀等。下面我们一起来认识一下以上几个平台。

↘ 1.3.1　抖音

抖音是目前的头部短视频平台之一，是北京字节跳动科技有限公司旗下的短视频产品，是一款于 2016 年 9 月上线的音乐创意短视频社交软件。用

扫一扫
常见的短视频平台

户可以拍摄短视频作品并上传至抖音，让其他用户看到，同时，也可以看到其他用户的作品。

打开抖音之后默认进入"推荐"界面，只需用手指在屏幕上往上滑，就可以播放下一条视频，内容随机，具有不确定性，吸引用户观看，打造沉浸式的体验。抖音能够通过用户看过的视频内容和形式，利用算法构建用户画像，为用户推荐其感兴趣的内容。

1.3.2　快手

快手是北京快手科技有限公司旗下的短视频产品，其前身是 GIF 快手。GIF 快手创建于 2011 年 3 月，是用于制作和分享 GIF 图片的一款手机应用。2012 年 11 月，快手从纯粹的工具应用转型为短视频社区，其口号是"记录世界记录你"，定位为记录和分享用户生活的平台，2014 年 11 月 GIF 快手正式更名为快手。快手平台主要具有以下特点。

①全面性。快手早期主要面向三四线城市及广大农村用户群体，为这些群体提供直接展示自我的平台。近年来，快手开始加强运营，实现了一定程度的品牌"破圈"，越来越多的一二线城市的年轻人正在成为这个平台的高频用户，用户群的覆盖越来越全面。

②原生态。快手并未采用以名人为中心的战略，没有将资源向粉丝较多的用户倾斜，没有设计级别图标以对用户分类，没有对用户进行排名。快手希望营造轻量级、休闲化的氛围，鼓励平台上的所有人表达自我、分享生活。

③算法决定优质内容。快手平台没有任何人工团队去影响内容推荐系统，完全依靠算法来实现个性化推荐。快手设计的算法能够理解短视频内容、用户特征及用户行为，包括用户的内容浏览和互动历史，在分析这些信息的基础上，算法模型可以将内容和用户匹配。用户行为数据越多，推荐就越精准。

④界面设计简洁、清爽。快手善于在功能设计上做减法，其界面设计简洁、清爽，这样做可以方便用户发布更多的原生态内容。首先，快手主页上的频道分别是"首页""精选""⊕""消息""我"，最上方两侧分别是导航菜单按钮和搜索图标。点击导航菜单按钮，用户可以使用更多的其他功能。

1.3.3　西瓜视频

西瓜视频是北京字节跳动科技有限公司旗下的一款个性化推荐短视频平台。2016 年 5 月西瓜视频前身头条视频上线，而后宣布投入 10 亿元扶持短视频创作者。2017 年 6 月，其用户数破 1 亿，日活跃用户数破 1000 万，头条视频改名为西瓜视频。2018 年 2 月，西瓜视频累计用户数超过 3 亿，日均使用时长超过 70 分钟，日均播放量超过 40 亿人次。

在短视频领域，如果说抖音和快手争夺的是竖屏市场，那西瓜视频争夺的便是横屏市场。横屏短视频仍有市场，主要有两点原因：一是许多专业制作团队仍然采取横版构图，从拍摄工具到镜头语言有着一套非常成熟的制作流程；二是横屏短视频在题材范围、表现方式和叙事能力等方面比竖屏短视频更有优势。为提升用户观看横屏短视频的体验，西瓜视频上线了横屏沉浸流功能，即在全横屏短视频观看状态下，可通过上下滑动屏幕切换视频。

1.3.4　微信视频号

微信视频号是继微信公众号、小程序后的又一款微信生态产品。如今腾讯在短视频越来越受到用户欢迎的背景下推出微信视频号，就是想要弥补腾讯在短视频领域的短板，借助微信生态的巨大力量布局短视频。

在已有的微信生态下，用户可以在微信朋友圈发布短视频，但仅限于用户的好友观看，微信朋友圈属于私域流量池。微信视频号的出现则意味着微信平台打通了微信生态的社交公域流量，将短视频的扩散形式改为"朋友圈 + 微信群 + 个人微信号"，放开了传播限制，让更多的用户可以看到短视频，形成新的流量传播渠道。

↘ 1.3.5 哔哩哔哩

哔哩哔哩是国内年轻人高度聚集的文化社区和视频平台，早期是一个 ACG 内容创作与分享的视频网站，ACG 即动画（Anime）、漫画（Comics）与游戏（Games）。

经过多年的发展，哔哩哔哩围绕用户、创作者和内容，构建了一个源源不断产生优质内容的生态系统，成为涵盖 7000 多个兴趣圈层的多元文化社区，满足了大众视频取向和小众用户的特别爱好。哔哩哔哩目前拥有动画、番剧、国创、音乐、游戏、生活、娱乐、知识、时尚等分区，并开设了直播、活动中心等业务板块。

↘ 1.3.6 淘宝卖家秀

淘宝由阿里巴巴集团于 2003 年 5 月创立，拥有近 5 亿的注册用户数，每天有超过 6000 万的固定访客量，同时每天的在线商品数超过 8 亿件，平均每分钟售出 4.8 万件商品。淘宝卖家秀有助于让用户更直观地了解商品。随着短视频的发展，淘宝卖家秀从只有图片展示逐渐发展为更全面的短视频形式，让用户能更好地了解商品，促成交易。目前，淘宝不仅在"宝贝"界面开通了短视频功能，其在部分公域渠道也开通了短视频功能。卖家只要有优质的内容，就有机会通过各个公域渠道展示商品；优质的短视频再将流量引导回店铺，免费获得来自淘宝公域渠道的巨大流量。

课堂讨论

你最常用的短视频平台是哪个？说说它为什么吸引你。

1.4 短视频的制作流程

要制作一个短视频作品，从前期准备到后期发布，需要经历一个怎样的流程呢？下面简单介绍一下。

扫一扫
短视频的制作流程

↘ 1.4.1 前期准备

工欲善其事，必先利其器。在拍摄、制作短视频之前，我们需要明确短视频的用户定位、策划选题内容，然后根据拍摄目的和资金等实际情况准备拍摄设备、组建制作团队等。

1. 准备拍摄设备

要拍摄短视频，拍摄设备是必备的。常见的短视频拍摄设备有手机、单反相机 / 微单相机、摄像机等，可根据资金预算选择适合的设备。为了保证所拍摄视频的稳定性，有时还需要准备一些稳定设备，如三脚架、手持云台等。

收声设备是容易被忽略的短视频拍摄设备，鉴于短视频是"图像＋声音"的形式，所以收声设备非常重要。收声仅依靠机内话筒是远远不够的，因此需要外置话筒，便于收声，增强音效。

灯光设备对于短视频拍摄同样非常重要，因为以人物为主体的短视频拍摄，很多时候都需要用到灯光设备。灯光设备并不算日常视频录制的必备器材，但是如果想要获得更好的视频画质，灯光设备是必不可少的。常见的灯光设备有补光灯、柔光板、反光板等。

2. 组建制作团队

短视频领域的竞争越来越激烈，要想脱颖而出，其制作要更专业化。而一个人单打独斗是很难实现制作专业化的，因此需要组建一个优秀的短视频制作团队。

①编导。编导在整个拍摄制作过程中起到了非常重要的作用，是整个团队的负责人。编导的具体工作职责包括：构思选题、确定拍摄方案，创作脚本；拍摄场面调度、指挥拍摄；审查、修改文字稿，指导短视频剪辑等。

②摄像师。拥有一名优秀的摄像师意味着短视频成功了一半。首先，摄像师需要根据脚本用镜头把想要表达的内容表现出来；其次，摄像师应具备基本的拍摄技术，掌握重要的拍摄技巧；最后，摄像师也要具备一定的剪辑能力，这样才能有针对性地进行拍摄。

③剪辑师。剪辑师需要具备清晰的逻辑思维能力，对素材进行取舍，取其精华、去其糟粕；还要在众多镜头中找到剪辑的切入点，从而形成短视频的旋律感。

④运营人员。短视频制作完成后，接下来的工作就是考虑如何将其成功地推广出去，这便需要运营人员。运营人员必须具备良好的沟通能力和写作能力，以保证其与短视频用户的顺利交流，并在各大短视频投放平台上推广自己团队的作品。

⑤演员。根据短视频账号的定位和内容形式，需要的演员类型各不相同。例如，对于有故事情节的短视频，演员的表现力和演技是最重要的；而美食类和生活技能类等的短视频，重点在于介绍物品，对演员演技没有太高的要求。

↘ 1.4.2 策划、拍摄和后期剪辑

前期准备工作完成后，接下来便正式进入短视频策划、拍摄和后期剪辑的流程。拍摄前需要做好短视频的策划工作，如表 1-2 所示。

表 1-2 短视频策划的步骤及其具体内容

步骤	任务	具体内容
第 1 步	构建用户画像	做好用户定位，明确短视频的用户群体
第 2 步	针对目标用户进行选题	选择适合目标用户的短视频选题
第 3 步	进行内容策划	编写吸引眼球的短视频文案和脚本，清晰地展现短视频所要传达的内容，即明确想向用户传递什么信息

前期准备和策划都完成之后，就可以开始拍摄工作了。首先，摄像师需要了解不同的拍摄器材，便于在拍摄不同形式的短视频时，可以挑选出最适合的拍摄设备。此外，摄像师还需要掌握拍摄的方法和技巧，如景别、景深的运用，拍摄角度的设计和构图的选择等。

短视频拍摄完成之后，需要进行后期剪辑。剪辑师除了需要熟练使用剪辑软件（如移动端的剪映 App 等，PC 端的 Premiere 等），还需要掌握一些剪辑技巧，如在剪辑时要突出重点、不拖沓，背景音乐与画面相结合等。短视频时长虽短，但也有节奏感，为把控短视频的画面节奏，一般在剪辑时加入背景音乐。

↘ 1.4.3　短视频的发布

短视频在制作完成之后就要发布。在发布阶段，短视频创作者要做的工作主要包括发布渠道选择、渠道短视频数据监测和发布渠道优化。只有做好这些工作，短视频才能在最短的时间内打入新媒体营销市场，吸引粉丝，提高短视频创作者的知名度。

1.5　项目实训——安装、注册和设置抖音 App

本章介绍了短视频的基础内容，为了便于进一步学习，用户需要下载和安装短视频 App。本次实训以在安卓手机中安装、注册和设置抖音 App 为例，介绍具体的操作步骤。

1.　下载安装抖音App

①进入手机主界面，找到【应用市场】图标并点击。

②进入【应用市场】界面，在搜索框中输入【抖音】，点击【搜索】按钮。在搜索结果中找到抖音 App，点击右侧的【安装】按钮，如图 1-12 所示。

③手机开始自动下载并安装抖音 App。

2.　注册抖音账号

①在手机主界面中点击【抖音】图标，进入抖音主界面，自动打开【个人信息保护指引】对话框，阅读【用户服务协议】和【隐私政策】后点击【同意】按钮。

②在抖音主界面中，点击右下角的【我】按钮，直接进入注册界面，输入手机号，点击【验证并登录】按钮，如图 1-13 所示。

③进入【请输入验证码】界面，输入手机收到的验证码，点击【完成】按钮。

④进入【完善资料】界面，设置好头像、昵称、生日、性别，点击【进入抖音】按钮即可。

3.　设置账号密码

①在抖音主界面中，点击右下角的【我】按钮，然后点击右上角的菜单按钮，选择【设置】，如图 1-14 所示。

②在【设置】界面中找到【账号与安全】→【抖音密码】，输入新登录密码，点击【获取短信验证码】按钮，如图 1-15 所示，在输入验证码界面中输入验证码，点

图 1-12　　　　　　　图 1-13

图 1-14　　　　　　　图 1-15

击【完成】按钮即可。

思考与练习

一、单项选择题

1. 以下关于短视频特征的描述不正确的是（　　　）。
   A. 整个视频内容的节奏比较快　　　　B. 比较迎合用户碎片化的观看习惯
   C. 时长基本保持在3分钟至5分钟　　　D. 主要通过网络平台传播
2. 短视频的视频长度通常以（　　　）计数。
   A. 小时　　　　　　B. 秒　　　　　C. 天　　　　　D. 分钟
3. 以下不属于用户生成内容短视频特点的是（　　　）。
   A. 创作手法简单　　　　　　　　　　B. 制作门槛较低
   C. 由专业团队制作　　　　　　　　　D. 内容质量良莠不齐

二、多项选择题

1. 以下属于短视频优势的有（　　　）。
   A. 生产成本低　　　　B. 精准营销　　C. 形式多样　　D. 社交属性强
2. 以下属于短视频策划阶段的任务有（　　　）。
   A. 构建用户画像　　　B. 剪辑视频　　C. 进行选题　　D. 撰写脚本
3. 快手平台的特点主要有（　　　）。
   A. 界面设计简洁、清爽 B. 草根性　　　C. 原生态　　　D. 算法决定优质内容

三、判断题

1. 短视频是继文字、图片、传统视频之后新兴的互联网内容传播形式。（　　　）
2. 脱口秀往往有一定的故事情节，内容贴近生活，出演人数超过两人。（　　　）
3. 搞笑类短视频一般有两种，即情景剧和脱口秀。（　　　）

四、技能实训

1. 在手机中安装一个短视频 App，登录并设置好个人信息。
2. 试着按照短视频内容类型的划分，在主流短视频平台中找到有代表性的各类型短视频账号。

五、思考题

1. 短视频的特征有哪些？
2. 短视频的优势有哪些？
3. 一个优秀的短视频制作团队包括哪些成员？

第 2 章
短视频的策划

学习目标

* 了解短视频定位
* 熟悉短视频的选题
* 掌握短视频内容创作的方法
* 了解短视频的展现形式
* 掌握短视频脚本策划的方法

课前思考

　　有位短视频创作者，他是一位宅男，在镜头前面给大家讲解冷知识。他每一期视频的选题，真的是冷的同时又让人觉得好奇！比如，他在一期视频中说，人在不感冒且没有鼻炎的时候，两个鼻孔出气量是不一样多的，把手放在鼻孔下面试一下，就能感觉到。这就是他选题厉害的地方。你是不是真的拿手试了一下？是不是很想知道这到底是怎么回事？很好，他已经成功了！

　　说完选题，我们再说一下短视频形式。他的短视频形式很简单，没有精心设计，没有道具、背景光之类，而是选择了普通又生活化的场景，就像随手拍摄的短视频一样。为什么会选择这样的形式呢？其实原因很简单，短视频利用的是观众的碎片化时间。观众更喜欢以一种更贴近他们的方式来展示某些内容，而更正式、更专业的场景设置反而会给观众一种压力。这也是这位短视频创作者的聪明之处！

　　思考题

1. 举例说明你了解的冷知识节目，它们都有哪些特点。
2. 结合案例内容，分析该短视频创作者成功的原因。

2.1　短视频的定位

↘ 2.1.1　什么是短视频定位

扫一扫
什么是短视频定位

短视频定位是短视频创作的第一步，它决定了短视频账号的发展方向。

进行短视频定位是为了确定短视频在用户心目中与众不同的位置，给用户留下不可磨灭的独特印象，让用户能够对短视频进行区分，并对短视频有一个清晰的认知，提高短视频的市场竞争力。

归纳起来，短视频定位主要包含内容定位和用户定位两部分：内容定位即确定短视频要讲什么，用户定位即确定短视频给谁看。短视频定位案例如图 2-1 所示。

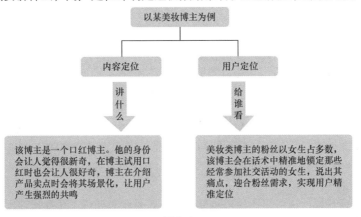

图 2-1

课堂讨论

请选择你喜欢的一条短视频，说说它讲了什么内容，适合哪些人群观看。

↘ 2.1.2　短视频内容定位：方向和人设

短视频的内容类型多种多样，要想在海量的视频中脱颖而出，短视频创作者最好从自己擅长的领域出发，确定内容方向，融入个人特色，从而形成强大的竞争力。

1. 确定内容方向

要想获得用户关注，拥有大量粉丝，短视频创作者必须对自身进行客观的分析，找到自己的优势，从而确定内容方向。下面介绍如何发掘出自身的优势。

（1）自己做得好的事情

短视频创作者可以好好审视自己，分析自己过去所做过的优秀的或被

扫一扫
短视频内容定位：方
向和人设

人称赞的事情。例如，我的嗓音不错，唱歌很好听；我很有幽默感，一张嘴就容易把人逗笑；我的手工不错，制作的艺术品栩栩如生；我的厨艺很好，很多人夸赞我做的食物色香味俱全……以上这些做得好的事情或被人称赞的事情都是自己的优势，在进行短视频内容定位时，就可以从这些方面入手。

（2）自己感兴趣且专注的事情

有的人回顾自身经历，可能会觉得自己没有什么特长，这时可以回想一下，在生活中自己是否十分专注于某件事情。自己真正喜欢或擅长做某件事时，就可以全神贯注、废寝忘食，在这样的情况下，想要做好一件事情就不难。

（3）自己的经验积累

一个人的经验是非常宝贵的财富，如果自己拥有某些经验，比起没有此经验的人，自己就有优势。例如，创业成功者、健身人士、营养师等在进行短视频内容定位时，可以把自己的经验整理出来，与用户分享。

2. 打造人设

短视频创作者发布的短视频能够在海量的视频中脱颖而出，并让用户记住，很大程度上取决于打造了清晰、稳定的人设，它可以帮助短视频创作者不断吸引粉丝，提升自身的影响力。下面介绍一下打造人设的方法。

（1）提升账号名称的辨识度

短视频创作者首先要做好账号名称的拟人化，当用户想到某个短视频时，就像在谈论某个人，而不是一个冷冰冰的账号。如果账号名称和内容非常贴合，账号的辨识度就会高。例如，一个美食类短视频账号名称为"××饿了"，用户通过名字就可以知道该账号是美食类短视频账号。

（2）做好短视频的开场口播

精彩的短视频开场口播可以让用户对接下来的内容充满期待。短视频创作者可以在短视频的开头自我介绍，然后自然过渡到后面的内容，也可以配上独特的口吻、音乐与画面等。

（3）内容风格和人设保持统一

短视频的整体内容风格和人设保持统一，用户就会对短视频账号有一个更加清晰的认知。如果内容风格总是变来变去，就很容易让用户产生疑惑。

小贴士

美妆类短视频如何进行风格定位？

美妆类短视频创作者首先要确定视频内容方向和制作风格，是美妆测评、护肤技巧还是化妆教学等。接着可以给自己的内容加上标签。如果是测评类短视频，标签可以是爱美妆、爱尝试及各类美妆品牌对比等；如果是护肤技巧类短视频，标签可以是日常护理、保湿补水等；如果是化妆教学类短视频，标签可以是化妆、彩妆等。最后，根据短视频风格定位、标签，并结合人设制作相关的短视频作品。

课堂讨论

选择一条自己喜欢的短视频，分析其内容定位、标签及人设。

↘ 2.1.3 短视频用户定位：人群和痛点

用户是短视频内容策划和制作的基础，所以短视频内容策划前需要了解用户群体，构建用户画像并分析。

1. 构建用户画像

用户画像就是根据用户特征、业务场景和用户行为等信息构建的标签化的用户模型。不同的短视频账号针对的目标用户不同，这时就需要构建用户画像。通过构建用户画像，短视频创作者可以更好地了解用户偏好，挖掘用户需求，从而锁定用户群体，实现精准定位。

下面介绍一下构建用户画像的步骤。

（1）用户信息数据分类

短视频创作者构建用户画像的第一步就是对用户信息数据进行分类。用户信息数据分为静态信息数据和动态信息数据两大类，如图 2-2 所示。

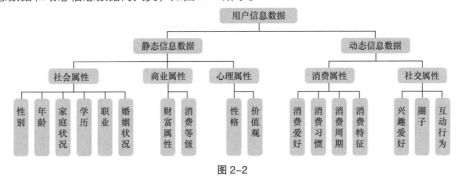

图 2-2

（2）确定场景

在构建用户画像时，需要将用户信息融入一定的使用场景中，从而更加具体地体会用户感受，还原真实的用户形象。采用"5W1H"法可以确定用户使用场景，如表 2-1 所示。

表 2-1 "5W1H"法的要素及含义

要素	含义
Who	短视频的用户
When	观看短视频的时间
Where	观看短视频的地点
What	观看什么样的短视频
Why	网络行为背后的动机，如关注、点赞、分享等
How	将用户的动态和静态信息数据结合，洞察用户具体的使用场景

（3）获取信息

短视频创作者要想获取用户信息，需要统计和分析大量样本。用户基本信息的重合度较高，为了节省时间和精力，可以通过相关服务网站（如灰豚数据）获取用户信息。

灰豚数据是一个短视频与直播数据分析平台，它为短视频创作者提供了全方位的数据查询、用户画像分析和视频检测服务，为短视频创作者的内容创作和用户运营提供数据支持。

图 2-3 所示为在灰豚数据抖系版中查看某个美食类短视频达人账号粉丝分析的详情页。在这里可以查看该达人短视频账号的粉丝画像，如性别分布、年龄分布、地区分布、粉丝活跃时间分布等。

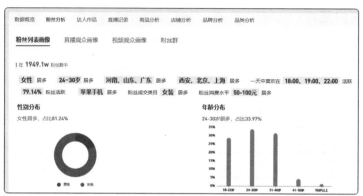

图 2-3

短视频创作者选取几个与自己账号所属领域相同的账号，统计数据后进行归类，基本上就可以确定自己账号的用户画像。

（4）形成用户画像

整合收集到的用户信息，形成短视频账号的用户画像，具体示例如下。

①性别：女性用户占比 80% 以上，男性用户占比低。

②年龄：18~23 岁用户占比 28% 左右，24~30 岁用户占比 34% 左右，31~40 岁用户占比 32% 左右，40 岁以上用户占比 6% 左右。

③地域：河南、山东、广东的用户占比比较高。

④活跃时间：以 18:00—19:00 为主。

⑤感兴趣的美食话题：被推荐到首页的各种美食内容。

⑥关注账号的条件：画面精美，产品适合自己的需求，账号持续推出优质内容。

⑦点赞的条件：内容有价值，超出用户的期待值。

⑧评论的条件：内容有争议，能够引发用户共鸣。

⑨取消关注的原因：内容质量下滑，不符合用户预期，更新太慢。

⑩用户的其他特征：喜欢美妆、探店、旅游等，喜欢家居生活分享类产品。

课堂讨论

请描述自己作为短视频用户的用户信息，包括性别、年龄、活跃时间、感兴趣的话题，以及点赞、评论及分享的原因等。

2. 分析人群痛点

痛点是指用户未被满足的、急需解决的需求，短视频只有戳中了用户的痛点，才具有吸引力和说服力。下面介绍如何搜集和分析用户的痛点。

（1）广度

短视频解决痛点，要考虑痛点的广度。例如，大部分人都爱美食，但受地域的限制，很多食物都没有见过。所以有些短视频创作者就会发布一些美食探店类短视频，带领用户探索不同地方的美食，为用户带来不一样的美食体验，解决很多人"想吃又不知道吃什么"的痛点。

（2）细度

细度是指将用户的痛点进行细分的程度。下面以摄影为例介绍细分痛点的步骤。

①对垂直领域进行一级细分。例如，将摄影细分为风光摄影、商业摄影、人像摄影等。

②在上一步基础上再做细分。例如，将人像摄影细分为婚纱摄影、儿童摄影等。

③在上一步基础上确定目标用户人群。例如，如果目标用户人群是育儿家庭，他们可能会对儿童摄影更感兴趣。

④以上一步为基础确定一级痛点。以上用户的痛点是如何对不能积极配合的儿童进行拍摄，并充分表现儿童天真活泼的特点。

（3）强度

强度是指用户解决痛点的急切程度。短视频创作者如果能够找到用户的高强度痛点，创作的短视频成为热门内容的概率就会很大。高强度痛点是指用户主动寻找解决途径，甚至付费也要解决的痛点。短视频创作者要及时发现这些痛点，如在短视频评论区仔细分析用户评论，从中寻找其急需解决的痛点。

↘ 2.1.4　课堂实战——构建美妆类短视频用户画像

美妆类短视频是短视频用户关注度较高的一类，下面通过灰豚数据平台为美妆类短视频构建用户画像。

1. 查看用户数据

（1）打开灰豚数据网站，注册并登录。

（2）进入灰豚数据首页，在界面上方选择【抖系版】，然后在界面左侧的功能面板中选择【查找抖音号】→【达人排行榜】。

（3）进入选择短视频达人的界面，选择榜单类型，然后在【达人分类】中选择【美妆】，再选择【粉丝数】和【认证信息】等，即可在下方查看达人排行榜。

（4）选择某个达人，即可进入该达人的主页，查看相关的信息。

（5）选择3位排名靠前的美妆类短视频达人，查看其用户属性并记录相关数据。

2. 归纳数据并形成用户画像

查看和收集了相关数据后，计算和分析数据，在表2-2中整理美妆类短视频用户画像。

表2-2　美妆类短视频用户画像

要素	具体内容
性别	
年龄	
地域	
活跃时间	

续表

要素	具体内容
感兴趣的话题	
关注账号的条件	
点赞的条件	
评论的条件	
取消关注的原因	
用户的其他特征	

2.2 短视频的选题

在做好短视频定位的基础上，策划短视频选题尤为重要，如同写文章一样，"主题"会影响短视频的打开率和阅读率。确定目标用户后，围绕目标用户关注的话题，发散思维，迅速找到更多的内容方向，有针对性地实现信息的精准传达和转化。

扫一扫
短视频选题的
5个维度

↘ 2.2.1 短视频选题的5个维度

很多短视频创作者在短视频的创作初期不知从何入手，没有选题思路。这种情况下，可以从"人、具、粮、法、环"这五个维度来寻找选题，如表2-3所示。

表2-3 选题策划的5个维度

维度	具体说明
人	指人物，即拍摄的主角是谁、是什么身份、有什么基本属性、属于什么社会群体等，可以根据年龄、身份、职业和兴趣爱好等划分
具	指工具和设备，即拍摄主体需要的工具和设备。如果拍摄主体为一名大学生，需要用到书包、课本、笔等，这些都是需要的工具和设备
粮	指精神食粮，如图书、电影、电视剧、音乐等。将这些分析透彻之后才能了解用户需求，从而有针对性地制作出满足用户需求的短视频
法	指方式方法，如大学生学习的方法，跟老师、同学交流的方法
环	指环境，短视频剧情不同，需要的环境也不相同。要根据剧情选择能够满足拍摄要求的环境，如学校、办公室、餐厅等

只要围绕以上五个维度进行梳理，就可以做出二级、三级，甚至更多层级的选题树，层级越多，拍摄的思路越丰富。以一位喜欢美妆类短视频的女性为例，做出的选题树如图2-4所示。

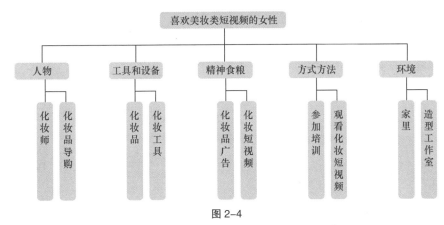

图 2-4

需要注意的是，制作并拓展选题树并不是一朝一夕的事情，需要日积月累，这样选题树延展出来的选题内容才会越来越多。

2.2.2　短视频选题的基本原则

不管短视频的选题是什么，都要遵循一定的基本原则，并落实到短视频创作中。下面介绍短视频选题的几个基本原则。

1. 以用户为中心

选题内容要以用户的需求为前提，不能脱离用户。想要有高播放量，必须考虑用户的喜好和痛点，越是贴近用户的内容就越能够得到他们的认可，从而使短视频获得较高的关注度和播放量。

2. 注重价值输出

选题内容一定要有价值，要向用户输出干货，使用户看了之后感觉是有收获的。短视频应有新鲜的创意，从而激发用户产生点赞、评论和转发等行为，让用户主动分享、传播，从而达到裂变传播的效果。

3. 保证内容的垂直度

在确定进入某一领域之后，就不要轻易更换了。短视频创作者需要在所选领域中做到垂直细分，提高专业领域的影响力，选题内容摇摆不定的话，会导致短视频内容垂直度不够，触达用户不精准。因此，一定要在所选领域长期输出优质内容，提高内容的垂直度。

4. 选题内容紧跟行业或网络热点

选题内容要紧跟行业或者网络热点，这样才能使短视频在短时间内得到大量的曝光，从而快速增加短视频的播放量，吸引用户关注，增加粉丝。因此，短视频创作者要提升敏感度，关注热门事件，善于捕捉热点，解释热点。但也并非所有热点都可以跟进，涉及时政、军事等领域，需要谨慎，如果跟进不恰当，会有违规甚至被封号的风险。

5. 远离敏感词汇

当前，有关部门正在加强对短视频平台的管理，不断出台相关法律法规，而且每个短视频平台都对敏感词汇做出了规定。因此，短视频创作者要了解并遵循相关法律法规，不要为了博

扫一扫
短视频选题的
基本原则

眼球而使用夸张或者敏感词汇，出现违规情况。

6. 增强用户互动性

短视频选题可以结合热点事件，多选择一些互动性强的话题。比如端午节，可以问大家喜欢吃什么馅的粽子，喜欢吃甜粽子还是咸粽子，这样就可以引导用户留言，增强互动。在短视频中也可以穿插一些笑点，引起大家讨论，吸引用户评论。

↘ 2.2.3 获取选题素材的渠道

要想持续输出优质内容，保证短视频账号的正常运营，短视频创作者需要进行素材储备。获取短视频素材的渠道有很多，主要有以下渠道。

扫一扫
获取选题素材的渠道

1. 个人生活体验

艺术来源于生活，日常生活中的个人经历、学习等都可以是选题素材。短视频创作者可以通过留意家人、朋友的经历、段子、突发事件和社会热点等积累素材。短视频创作者还需要多体验生活，多交朋友，从别人口中获得素材。有条件的短视频创作者可以多出去旅游，了解不同地区的风土人情、生活百态，这也是获取素材的渠道。

2. 观看影视作品

短视频创作者可以通过观看影视作品，尤其是经典影视作品的台词和桥段，根据其内容的核心思路结合自己的理解和看法制作短视频内容素材。这样不仅能收集到素材，还可以学习优秀影视作品讲故事的方法、剪辑的节奏和技巧。

3. 阅读书籍

书籍里面的故事也是短视频的素材之一。因此，阅读书籍也是短视频创作者获得素材的重要途径。

4. 分析同领域短视频创作者的选题

短视频创作者可以分析相同领域短视频创作者的选题，并进行整合，从而获得灵感和思路，拓宽选题范围。短视频创作者可以通过专业数据网站，获取同领域其他短视频创作者的账号数据。

5. 互联网平台

短视频创作者可以从各大咨询网站、社交平台热门榜单中搜索热点，比如微博热搜、抖音热点和百度风云榜等。热门互联网平台上的热点信息都是当下热门的话题，利用这些素材制作出来的短视频，也能获得不错的热度。

课堂讨论

选择一部你喜欢的电影，想想其中哪些内容可以作为素材。

↘ 2.2.4　切入选题的方法

扫一扫
切入选题的方法

确定选题后，短视频创作者可能会发现该选题与同领域很多账号的内容相似。用户都有喜新厌旧的心理，某一类型的短视频可能一开始出现的时候由于内容新颖获得了大众的喜爱，但用户看多了就会产生审美疲劳。因此为了避免内容同质化，短视频创作者可以选择不同的切入点，让用户获得新鲜感，这样才有可能制造话题。

当对同领域其他账号的研究足够细致深入时，就会对其经常采用的短视频形式了如指掌，这时短视频创作者便可以找到与其不同的切入点。在切入选题时，还要注意以下几点。

1. 有效整合各种物质要素

制作短视频需要资源方面的支持，比如人力、物力、财力等，将这些资源有效整合，可以为短视频创作提供极大的便利。

2. 以兴趣为支撑

兴趣是最好的老师，短视频创作者如果对某一领域有着浓厚的兴趣和热情，就可以在这个领域深耕，持续产出优质内容，提高内容的垂直度。但是只有兴趣也是不够的，还需要有专业能力，这样才能保证短视频内容专业优质。

3. 及时调整选题

万事开头难，短视频创作者在刚开始制作短视频时，可能比较艰辛。一般来说，短视频创作者要先持续发布作品10天以上，密切关注数据变化，如短视频制作成本、短视频播放量、账号粉丝量等，以此来做预估和调整，从而把握账号的走向和市场情况，然后判断是按照既定的选题做下去，还是改变选题方向或者内容形式。

↘ 2.2.5　课堂实战——为热爱旅行的女性策划选题树

我们学习了如何从"人、具、粮、法、环"五个维度来为短视频寻找选题，下面以热爱旅行的女性为例，为其策划选题树，请补充图2-5中的空缺部分。

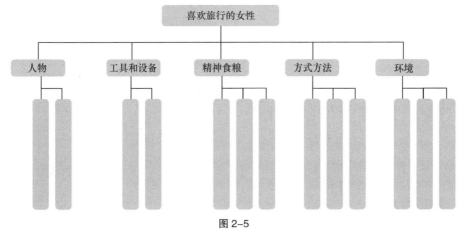

图2-5

2.3 短视频内容创作

↘ 2.3.1 内容的垂直细分

如今短视频已经从之前的野蛮生长向精耕细作转变，用户更愿意为专业化、垂直化的内容买单，流于表象的短视频不容易让用户记住，而那些具备垂直性、有深度的短视频内容才会在用户的脑海里留下印象。

如何做垂直类短视频呢？下面来了解一下。

1. 确定目标用户

做垂直类短视频常见的方法之一就是确定目标用户，短视频创作者要创作出可以直击目标用户痛点的内容，然后通过符合其特质的内容来增加目标用户的黏性。比如美妆类短视频的目标用户是爱化妆的年轻女性，健身类短视频的目标用户是需要健身的群体。

2. 聚焦主题场景

短视频创作者可以根据用户的主题场景进行纵向挖掘，在内容表达上突出场景。例如，"××街访"一类的短视频场景聚焦街道、马路。

3. 打造生活方式

想增加用户的黏性，除了要确定目标用户和聚焦主题场景之外，短视频创作者还要为用户打造一种理想的、让用户愿意追随的生活方式。比如某个以农村电商带货为主题的短视频，仿佛让人置身于田园生活。在现代社会快节奏的生活中，这恰恰满足了人们追求传统、回归自然的精神需求。

知识拓展

（1）什么样的内容是垂直内容呢？
（2）深度垂直的短视频有何优势呢？
具体内容可扫描右侧二维码进行观看。

扫一扫
什么是垂直内容

扫一扫
深度垂直短视频的优势

↘ 2.3.2 内容创作的原则

当前，用户对短视频的质量要求越来越高，短视频创作者要想让自己的短视频在众多短视频中脱颖而出，需要在短视频的内容上下功夫，创作出符合用户需求的内容。因此，短视频创作者在进行内容策划时需遵循以下原则。

扫一扫
内容创作的原则

1. 娱乐性原则

娱乐性原则是指短视频的内容要幽默，向用户传递乐观、积极向上的生活态度。在各大短视频平台上，通常轻松娱乐类的短视频占据热门内容的首位。这主要是因为在快节奏的社会，带有娱乐性的短视频可以在很大程度上缓解人们的精神压力，所以保持内容的娱乐性也成为短视频内容策划需要遵循的原则之一。

研究机构对用户选择观看短视频动机的调查表明，大多数用户倾向于观看有趣的内容，而那些备受欢迎的头部账号内容在本质上都具有娱乐性，不管是段子类短视频，还是知识类短视频，都可以给用户带来愉悦、放松的享受。

2. 价值性原则

价值性原则是指要让用户感觉短视频内容对自己是有价值的，也就是说，用户通过观看短视频能够有所收获，如获得感受、知识等。

在短视频行业，涌现出越来越多分享知识、传播知识的内容创作者，他们是拥有知识、热爱分享、熟谙技巧的科普达人，他们分享的这些优质内容满足了用户对知识的需求。

其实每个用户都有求知欲，都需要在生活和工作中不断地学习新知识、新技能，而短视频平台的兴起让知识的生产环节从精英拓展至大众，不仅让知识场景化，还进一步实现了知识普惠、知识分享和知识共创。短视频打破了用户学习知识的时空限制，他们可以利用业余时间随时随地进行学习。短视频的价值性要符合以下三点要求。

（1）实用——拒绝华而不实，要对用户的生活和工作有所帮助。

（2）专业——内容要有专业性和深度。

（3）易懂——内容不能晦涩难懂，要深入浅出。

3. 情感性原则

情感性是影响用户选择短视频的因素之一，在用户特别感兴趣的短视频类型中，带有感动、搞笑、励志、震撼、治愈等情感元素的内容都具有情感性，这些内容能够激发用户的情感共鸣。因此，短视频创作者在创作短视频时，不仅要注重提升短视频画面质量和情节感染力，还要思考如何让内容满足用户的心理需求，激发其情感共鸣。

素养课堂

要想让短视频在各大平台上都得到有效的推广，就必须树立健康向上的价值观，真正弘扬正确价值观的短视频才能在平台上得到更好的推广位置。对于用户，充满正能量的短视频才能得到用户的认可，一味地为了获得短暂的人气而"博出位"的行为只会有损短视频账号的生命力。

↘ 2.3.3 优质内容的策划方法

短视频创作者获取用户和保持用户活跃度的核心策略都是持续输出优质内容。短视频创作者要想持续输出优质内容，就需要找到正确的策划方法。

扫一扫
优质内容的策划方法

1. 模仿法

模仿是创新的基础，短视频创作者在初期尚未完全形成自己的风格，要学会模仿，模仿可以帮助短视频创作者快速找到内容创意的方向，甚至可以创作出比原视频更具创意的短视频内容。

（1）随机模仿

所谓随机模仿，就是指短视频创作者发现哪条短视频比较火爆，就参考该条短视频也制作一条同类型的短视频。

（2）系统模仿

系统模仿是指短视频创作者寻找一个与自己短视频账号定位类似的账号，对其进行长期的跟踪与模仿。短视频创作者要先分析该短视频账号的选题分析、运营策略等，然后将其应用到自己短视频的创作中，进行模仿制作。在制作中，短视频创作者可以融入一些新的创意，从而形成自己的风格。

课堂讨论

找两个或两个以上的短视频，分析它们有什么相似之处。

2. 扩展法

扩展法是指运用发散思维，由一个中心点向外扩散、不断延展内容的方法。通常将扩展法分为以下 3 个层次。

（1）人物扩展

扩展法的第一步就是进行人物扩展。例如，"30 多岁的女性"，想要拍摄与其相关的短视频，就需要对其进行人物扩展，列出与之相关的人物关系，如图 2-6 所示。

（2）场景扩展

列出人物关系后，下一步就需要围绕人物关系进行场景扩展。以"30 多岁的女性与孩子"这组关系为例，其场景扩展如图 2-7 所示。

（3）事件扩展

有了人物和场景以后，还要构思事件，进行事件扩展。选取"30 多岁的女性与孩子"这组关系，选择"做游戏"这个场景，可以扩展出若干个事件，如角色扮演游戏、桌面游戏、益智游戏等。有了具体的事件之后，短视频创作者就可以编写对话和动作，演绎情景短剧。

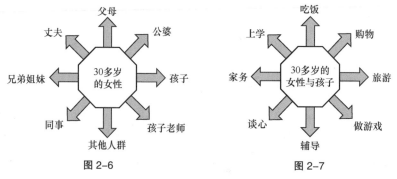

图 2-6   图 2-7

↘ 2.3.4 内容框架的搭建要点

短视频的时长虽然较短，但是内容也是有完整的框架结构的。学习搭建短视频的内容框架，需要注意以下 3 个要点。

1. 抛出亮点，吸引兴趣

扫一扫
内容框架的搭建要点

为了让用户在极短的时间内感受到一条短视频的观看价值，吸引他们的注意力，短视频创作者需要将短视频的重点内容放在前面。一般情况下，一条 15 秒的短视频尽量在前 3 秒设置亮点；而时长在 3 分钟及以上的短视频，需要在前 10 秒抛出亮点，吸引用户的注意力。

2. 主题清晰，逻辑完整

短视频创作者需要对短视频的主题有非常清晰的认知，需要使用合适的表现手法和剪辑技巧将其完整地展现出来。即使是时长较短的短视频，也需要遵循一定的逻辑去呈现观点或叙述事情。逻辑合理的内容才能让用户更准确地接收到短视频创作者想要传递的信息。

3. 结尾精彩，增强互动

一条热门短视频不仅需要有亮点的开头和逻辑清晰的内容，还需要一个有互动性的结尾。短视频的成功与否不仅在于其内容是否精彩，还在于用户看完短视频后，是否能够引发其共鸣与思考。因此，在短视频的结尾可以增加一些引导用户分享感受的话语，促使其自发地评论或转发视频，如"你生活中有过类似的经历吗""你收到过哪些朋友的惊喜呢"等。

课堂讨论

你在看完短视频后是否发表过评论？想一想是什么促使你发表评论的。

↘ 2.3.5 课堂实战——分析美食类短视频的内容定位

短视频创作者要制作美食类短视频，通常需要先进行内容定位分析。首先分析用户需求，然后选择内容类型。

1. 分析用户需求

根据美食类短视频的用户画像，可以得知美食类短视频的内容需求主要包括休闲需求和实用需求两方面。

①休闲需求是指用户观看美食类短视频的目的是愉悦身心，或打发空闲时间。例如，用户在观看美食家类型的短视频时，不仅可以得到视觉和听觉上的享受，还能从心理上满足口腹之欲；在观看乡村达人类型的美食短视频时，用户则可以看到自己向往的乡村生活，从心灵上得到片刻的安宁等。

②实用需求是指用户观看美食类短视频的目的是学习美食的相关知识，为自己制作美食借鉴经验并节约时间。例如，用户在观看美食制作过程时，可以获取很多美食制作技巧；用户在观看旅游类美食短视频时，不仅可以增长见识，还有助于自己以后寻找旅游胜地和美食。

2. 选择内容类型

美食类短视频的内容类型中，占比最多的就是展示制作过程的短视频，其次是美食达人类短视频，最后是美食评测或街头旅游类短视频。

①制作过程展示。这种美食类短视频制作简单且成本较低，在很短的时间内就可以完成拍摄和制作。这类短视频因周期成本很低，适合短视频新手和一些短视频制作团队；缺点就是内容同质化严重，短视频内容多是简单的美食制作过程，没有新意。

②美食达人。这种美食类短视频比较注重为主角打造诸如"乡村美食达人""城市美食达人"等人设。如果能将主角发展成该垂直细分领域的达人，就能具备竞争优势。制作这种短视频耗时较长，如果有专业团队的支持，就比较容易成功。

③美食评测。这种美食类短视频数量较多，但是短视频创作者能够成为达人的却比较少，对用户没有太多的吸引力，在实用性和娱乐性上稍逊一筹。但是这种短视频内容制作简单，发挥空间大，比较适合短视频新手。

④街头旅游。这种美食类短视频在国外很常见，属于一种新兴的短视频类型，容易吸引用户关注，但制作成本比较高，适合有团队支持或资金充裕的短视频新手。

2.4　短视频的展现形式

短视频的展现形式决定了用户会通过什么方式记住短视频的账号和内容。不同风格的短视频，其内容展现形式也是不同的。比较常见的短视频展现形式有图文形式、解说形式、模仿形式、脱口秀形式、情景剧形式和Vlog 形式等。

扫一扫
短视频的展现形式

↘ 2.4.1　图文形式

图文形式是最简单、成本最低的短视频展现形式。在短视频平台上，用户经常可以看到有的短视频只有一张底图或者影视剧经典片段的截图，图中配有励志类或情感类文字，并配有适合的音乐。这种形式的短视频在抖音等短视频平台上很流行，但由于其没有人设，没有办法植入产品，因此变现能力比较差。

↘ 2.4.2　解说形式

解说形式的短视频是由短视频创作者收集视频素材，进行剪辑加工，然后加上片头、片尾、字幕和背景音乐等，自己配音解说制成的。其中最常见的是影视剧类短视频的解说。制作影视剧类解说短视频前要选好题材，因为影视剧有很多类型，是制作爱情片、恐怖片还是喜剧片的解说短视频需要提前定好；然后准备文案，影视剧类解说短视频的文案很重要，因为故事情节都要通过文案表现出来；再录音，讲解者有自己的节奏感才能受到更多用户的青睐；完成录音之后就开始剪辑了，将录制好的解说音频剪辑到视频中，一个影视剧类解说短视频就制作完成了。

↘ 2.4.3　模仿形式

模仿形式是很常见的短视频展现形式。模仿形式的短视频，其制作方法很简单，只需要搜索短视频平台上比较火的短视频，以其为参考，然后用其他形式表现出来。这种展现形式相对于制作原创短视频要简单很多，只需要在被模仿短视频的基础上修改或创新。但要注意模仿不是抄袭，要想提高短视频的播放量就要做出特色，形成个性标签。用户如果连续看几条内容相同的短视频，很容易产生审美疲劳；如果看到一个很有看点、表现形式或拍摄风格很有特色的短视频，便会觉得耳目一新，进而产生点赞、评论和转发等行为，这利于后期变现。

↘ 2.4.4　脱口秀形式

脱口秀形式也是目前常见的短视频展现形式，想要做好这类短视频，关键是要有干货，让用户看后有所收获。例如，某汽车达人账号成为2019年汽车类短视频账号的黑马，其短视频内容专注于汽车本身，在短时间内向用户介绍某类汽车的基本信息，包括车型、功能、价格等内容。

脱口秀形式的短视频操作简单，成本相对较低，但是对脱口秀表演者的要求较高，需要人设打造得很清晰，具有辨识度，不断地为用户提供有价值的内容来获得用户的认可，提高用户黏性。此类短视频的变现能力比较强。

↘ 2.4.5　情景剧形式

情景剧形式就是通过表演把想要表达的核心主题展现出来。这种短视频需要演员表演，创作难度大，成本高；前期需要准备脚本，还需要设计拍摄场景（要求摄像师掌握拍摄技巧），后期要进行视频剪辑。情景剧形式的短视频有情节、人物，能够清晰地表达主题，调动用户情绪，引发情感共鸣，可以在短时间内吸引用户关注。例如，"××博物馆""××六点半"等账号，其剧情能够带给用户跌宕起伏的感觉，充分调动用户的情绪，吸引用户关注。

↘ 2.4.6　Vlog 形式

随着短视频的兴起，越来越多的人，尤其是年轻人，开始拍摄 Vlog。这种形式的短视频就像写日记，用影像代替了文字和照片。但这不代表 Vlog 可以拍成流水账，而是一定要有明确的主题，如旅游 Vlog、留学 Vlog、健身 Vlog 等。此外，短视频创作者还要注重脚本，提前构思好重要的镜头，适当设计情节；拍摄时，注重拍摄效果，可以多运用一些专业的视频拍摄技巧；后期制作时，做好转场特效，保证叙事流畅。这样拍摄出的短视频很容易抓住用户眼球，受到大众的喜爱。

↘ 2.4.7　课堂实战——分析各类短视频的展现形式

当做好用户定位，确定了短视频领域，明确了选题方向后，还需要确定短视频的展现形式。下面通过课堂实战来分析各类短视频的展现形式。

①打开抖音 App。
②搜索并观看不同类型的短视频内容，如图 2-8、图 2-9、图 2-10 所示。
③分析各类短视频的展现形式。
④结合本节内容，分析各展现形式的优缺点。

图 2-8　　　　　　　　图 2-9　　　　　　　　图 2-10

2.5　短视频脚本策划

短视频脚本是短视频创作的关键，用于指导整个短视频的拍摄方向和后期剪辑，具有统领全局的作用。撰写短视频脚本，可以提高短视频的拍摄效率与拍摄质量。

↘ 2.5.1　短视频脚本的类型

短视频脚本大致分为 3 类：拍摄提纲、文学脚本和分镜头脚本。选择脚本类型时，短视频创作者可以根据短视频的拍摄内容而定。

扫一扫
短视频脚本的类型

1. 拍摄提纲

拍摄提纲是指短视频的拍摄要点，只对拍摄内容起提示作用，适用于一些不易掌控和预测的拍摄内容。如果要拍摄的短视频没有太多不确定的因素，一般不建议采用拍摄提纲。拍摄提纲的写作主要分为以下几步：

①明确短视频的选题、立意和创作方向，确定创作目标；②呈现选题的角度和切入点；③阐述不同短视频的表现技巧和创作手法；④阐述短视频的构图、光线和节奏；⑤呈现场景的转换、结构、视角和主题；⑥完善细节，补充音乐、解说、配音等内容。

2. 文学脚本

文学脚本要求短视频创作者列出所有可能的拍摄思路，但不需要像分镜头脚本那样细致，只规定短视频中人物需要做的任务、说的台词、摄像师选用的拍摄方法和整个短视频的时长即可。

文学脚本除了适用于有剧情的短视频外，也适用于非剧情类的短视频，如教学类短视频和评测类短视频等。要想写出优质的文学脚本，短视频创作者需要注意以下几点：

①做好前期准备；②确定具体的写作结构；③确定演员的台词；④设定场景。

以上各要点的具体内容，请扫描本小节二维码观看。

3. 分镜头脚本

分镜头脚本是在文学脚本的基础上，导演按照自己的构思，将故事情节、内容以镜头为基本单位，划分出不同的景别、角度、声画形式、镜头关系等，相当于未来视觉形象的文字工作本。后期的拍摄和制作基本上都会以分镜头脚本为直接依据，所以分镜头脚本又被称为导演剧本或工作台本。此外，分镜头脚本还可以作为视频长度和经费预算的参考依据。

分镜头脚本适用于故事性较强的短视频，其包含的内容十分细致，每个画面都要在导演的掌控之中，一般按镜号、画面内容、景别、运镜方式、时长、台词、音效等形成表格，分项填写（在分镜头脚本中，每项内容的含义请扫描本小节二维码观看）。

小贴士

有经验的导演在分镜头脚本的编写格式上可以灵活一些，不必拘泥于某种格式。

知识拓展

设计短视频脚本只是短视频内容创作者应具备的基本技能，如果想短视频获得更多用户的关注，还需要在撰写短视频脚本时使用一定的技巧，具体内容可扫码观看。

扫一扫
短视频脚本设计技巧

课堂讨论

你看过哪些构思巧妙的短视频文学脚本，说一说它们好在哪里。

↘ 2.5.2 撰写短视频文学脚本

扫一扫
撰写短视频文学
脚本

撰写短视频文学脚本时，需要遵循3个步骤，即确定主题、搭建框架、填充细节。

1. 确定主题

撰写短视频文学脚本，需要先确定短视频内容的主题，然后再根据这一主题进行创作。短视频创作者在创作短视频文学脚本时要紧紧围绕这个主题，切勿加入其他无关内容，导致作品跑题、偏题等。

2. 搭建框架

确定了短视频的主题之后，短视频创作者需要进一步搭建文学脚本的框架，设计出视频中的人物、场景、事件等要素。短视频创作者如果能在脚本中加入多样的元素，如引发矛盾、形成对比、结尾反转等，会达到更好的效果。另外，短视频创作者也可以多设置一些有趣的情节来突出主题，制造令人意想不到的剧情反转，激起用户的赞叹情绪和分享意愿。

3. 填充细节

俗话说"细节决定成败"，短视频文学脚本有丰富的细节，才能使短视频内容更加丰富、饱满，使用户产生强烈的带入感和情感共鸣。例如，在公益短视频《这世界，总有人偷偷爱着你》中，电梯里的人为外卖工作者让位置时，拍了拍他的肩膀说"快进去吧，我走楼梯"，这一细节使短视频内容更丰富，人物刻画更完整，更能够引发用户共鸣，调动用户情绪。因此，短视频创作者在撰写文学脚本时，要注重细节的描述。

以下是一篇短视频文学脚本的范文。

教室里，下课铃声响起，"同学们，下课！"老师的话音刚落，同学们便开心地收拾好书本，迫不及待地拿出自己的午餐盒，准备享用美味的午餐。

这时，一个小男生拿出自己的午餐盒，掀开盖子的一个小缝隙，看到里面空空的，抿了抿嘴，又偷偷盖上了。然后举手向老师示意自己要去卫生间。

空无一人的走廊上，只有小男生一个人落寞的背影，他走到洗手池旁喝了一大口凉水。

回到教室，小男生刚准备收起自己的午餐盒，却发现它变沉了，疑惑地打开盖子后，发现里面装有满满的、丰盛的午餐。小男生很诧异，抬头看看周围同学吃的食物，竟发现与自己盒子里是一样的，这才恍然大悟，原来是同学们向自己分享的食物啊。此刻小男生心里暖暖的，感激地大口吃起来。字幕：这世界上总有人偷偷爱着你。

2.5.3 撰写短视频分镜头脚本

在完成了短视频文学脚本的撰写后，短视频创作者还需将其转换为镜头语言，即撰写短视频分镜头脚本，以便准确地表达短视频的拍摄要点和细节。

扫一扫
撰写短视频分
镜头脚本

简单来说，短视频分镜头脚本相当于短视频创作的说明书，用于指导短视频团队在何时、何地、花费多长时间、利用什么拍摄手法进行拍摄。

短视频分镜头脚本中需要重点解释"镜号"的概念，镜号即镜头的顺序号，依照组成短视频画面的镜头先后顺序，用数字标出，以此作为某一镜头的代号。虽然拍摄时可以灵活调整镜号的顺序，但短视频创作者在撰写分镜头脚本时需要按照顺序进行编号，以免拍摄时出现遗漏镜头的状况。撰写短视频分镜头脚本时，短视频创作者应根据实际情况选择所需要撰写的内容。例如，有的短视频没有人物台词，则其短视频分镜头脚本中不需要台词。总体来说，短视频分镜头脚本需要契合短视频文学脚本所传达的主旨，每一个镜头的具体设定都应该为短视频内容服务。

表2-4所示是短视频分镜头脚本。

表2-4　短视频分镜头脚本

镜号	画面内容	景别	运镜方式	时长	台词	音效
1	教室里，下课铃声响起，同学们准备吃午餐	全景	拉镜头	3秒	老师："同学们，下课！"	下课铃声 书本声
2	一个小男生拿出午餐盒，看了看里面是空的	特写	手持镜头	5秒	—	同学们打开餐盒的声音
3	小男生举手上卫生间	特写	手持镜头	2秒		

镜号	画面内容	景别	运镜方式	时长	台词	音效
4	小男生在走廊里	全景	拉镜头	1秒	—	脚步声
5	小男生在水龙头下喝水	特写	手持镜头	2秒	—	流水声
6	小男生回到教室，打开餐盒，看到满满的食物	特写	手持镜头	3秒	—	同学们吃饭的声音
7	小男生环顾四周	全景	环绕镜头	3秒	—	吃饭的声音
8	小男生吃东西	特写	手持镜头	2秒	—	吃饭的声音

2.5.4　课堂实战——撰写一则公益广告的分镜头脚本

撰写一则公益广告的分镜头脚本（见表2-5），要求至少出现3个场景。

表2-5　短视频分镜头脚本（公益广告）

镜号	画面内容	景别	运镜方式	时长	台词	音效
1						
2						
3						
4						
5						
6						
7						
8						

2.6　项目实训——策划美食制作类短视频的内容

运用本章所学知识，策划一个制作宫保鸡丁的短视频。先确定内容领域是美食制作，内容风格为Vlog，内容形式以肢体为主，最后撰写拍摄短视频的提纲。撰写美食类短视频脚本，为后面拍摄、剪辑和发布做好准备。

1．用户定位

在网站中搜索多个美食制作类短视频的达人账号，查看其用户画像，然后根据用户画像来进行用户定位。综合相关信息，这里将本短视频的用户定位为以女性为主，年龄为18～40岁，主要生活在北京、天津、上海和西安等城市。

2．内容定位

在明确了用户定位后，短视频创作者可以根据用户的需求，对短视频的具体内容进行定位，其具体步骤如下。

①确定用户需求。用户观看美食类短视频的主要需求有两个：一是学习美食制作的方法；二是愉悦身心，打发空闲时间。本短视频展现制作宫保鸡丁的过程，宫保鸡丁是一种很美味的食物，能满足多数用户的实用需求，且其食材丰富，从外观上也能给予用户视觉享受。

②确定内容风格。美食制作类短视频的内容风格比较固定，通常以Vlog为主。为了更适合短视频新手，本次就以拍摄制作过程为主，这样制作简单且成本较低。

③确定内容形式。几乎所有美食类短视频都采用真人为主和肢体、声音为主这两种形式。考虑到制作成本问题，本短视频的内容形式以食材本身为主，出现真人的手臂。

3．设计脚本

由于本短视频不涉及完整的真人出镜，没有太多的剧情，所以其脚本就是拍摄提纲，如表2-6所示。

表2-6 【宫保鸡丁】拍摄提纲

提纲要点	提纲内容
展示食材和配料	鸡胸肉400克、花生米80克、菜籽油60克、盐3克、干辣椒20克、花椒5克、米醋若干、白糖若干、酱油若干、大葱白一段、生姜1块、大蒜1头、料酒若干、玉米淀粉适量、香油若干
准备辅料	生姜、大蒜切片，大葱白切丝；取适量的大葱丝和生姜片放入小碗中，加入大约30毫升开水、1汤匙料酒，浸泡成葱姜酒水备用
准备鸡肉	鸡胸肉洗净后切成鸡丁
腌制鸡肉	加入2汤匙酱油，抓拌；然后分三次加入2~3汤匙的葱姜酒水，抓拌；再加入1汤匙玉米淀粉，继续抓拌；最后加入2汤匙香油，拌匀
调制调味汁	1汤匙料酒、2汤匙酱油、1汤匙香醋、1汤匙白糖、盐少许、1/2汤匙玉米淀粉
炒制食材	炒制花生，盛出晾凉备用；放入鸡丁，炒熟后盛出；炒香干辣椒和花椒；然后放入炒好的鸡丁和花生，大火翻炒；再加入葱丝、姜片、蒜片炒出香味
收汁装盘	淋入调制好的调味汁，大火翻炒收汁；最后将做好的宫保鸡丁装盘展示

思考与练习

一、单项选择题

1. 短视频的（　　）是短视频创作的第一步，它决定了短视频账号的发展方向。
   A. 选题　　　　　　　　B. 定位　　　　　　　C. 展现形式　　　　　　D. 脚本
2. 以下属于用户动态信息数据的是（　　）。
   A. 社会属性　　　　　　　　　　　　　B. 心理属性
   C. 商业属性　　　　　　　　　　　　　D. 消费属性
3. 关于短视频选题的原则，不正确的是（　　）。
   A. 以用户为中心　　　　　　　　　　　B. 保证内容的垂直度
   C. 避开网络热点　　　　　　　　　　　D. 远离敏感词汇

二、多项选择题

1. 以下内容能够体现出短视频价值性原则的有（　　）。
   A. 娱乐　　　　　　　　B. 实用　　　　　　　C. 易懂　　　　　　　　D. 专业
2. 以下属于用户静态信息数据的有（　　）。
   A. 社会属性　　　　　　　　　　　　　B. 商业属性
   C. 社交属性　　　　　　　　　　　　　D. 心理属性
3. 要想持续输出优质内容，可以使用（　　）。
   A. 搬运法　　　　　　　　　　　　　　B. 模仿法
   C. 扩展法　　　　　　　　　　　　　　D. 以上都对

三、判断题

1. 短视频选题可以从"人、具、粮、法、环"这五个维度来寻找。（　　）
2. 模仿法就是发现哪条短视频火爆就制作出一条一模一样的短视频。（　　）
3. 一条热门短视频不仅开头要有亮点，结尾也要有互动性。（　　）

四、技能实训

1. 佳浩是一个农民，以种蔬菜为生，当过几年厨师，热爱美食，想通过拍摄短视频赚取收益。请帮助他实现内容定位，确定内容的领域、风格和形式。
2. 自己选定一个拍摄主题，尝试撰写一份短视频分镜头脚本。

五、思考题

1. 在进行短视频内容定位时，如何发掘出自身的优势？
2. 如何搜集和分析用户的痛点？
3. 短视频创作者在进行内容策划时需要遵循哪些原则？

03

第3章
短视频的拍摄

学习目标

* 熟悉拍摄设备
* 了解拍摄场地的布置
* 掌握拍摄技巧的运用
* 掌握使用手机拍摄短视频的技巧
* 掌握使用单反相机/微单相机拍摄短视频的技巧

课前思考

　　《舌尖上的中国》(简称《舌尖》)无疑是十分优秀的国产美食纪录片,它火遍网络,甚至漂洋过海,将中国美食的香味带向世界。《舌尖》以中国各地美食为题材,通过多个侧面,展现食物给中国人生活带来的仪式、伦理等方面的影响;让观众见识中国特色食材以及与食物相关、构成中国美食特有气质的一系列元素,让观众了解中华饮食文化的精致和源远流长。

　　拍摄《舌尖》的摄影师,是国内数一数二的高手,拥有多年纪录片拍摄经验。与倡导冷静旁观的拍摄手法不同,《舌尖》大量采用贴近式拍摄,用微距拍摄食物,用 GoPro 拍主观镜头,借鉴了很多广告拍摄的手法。总之,《舌尖》让观众尽可能看到以往看不到的角度、勾起食欲。

　　除了专业镜头拍摄外,《舌尖》还注重专业声音模拟。声音制作是让食物看起来更诱人的关键。《舌尖》用配音,让脆的东西更脆,让黏的东西更黏,用声音来调动观众的感官,让食物诱人品尝。

　　思考题

1. 结合案例内容,分析制作美食类短视频中拍摄技巧的重要性。
2. 除美食类短视频,你还见过哪些擅用拍摄技巧的账号,请举例说明。

3.1　拍摄前的准备

↘ 3.1.1　选择合适的拍摄设备

扫一扫
选择合适的拍摄设备

短视频的拍摄需要用到各种拍摄设备，要想拍摄好短视频，选择合适的拍摄设备是关键。选择拍摄设备的首要标准就是拍摄设备要与所拍摄的短视频相匹配，合适的拍摄设备可以让短视频创作者在拍摄过程中更加得心应手。短视频拍摄涉及的设备比较多，可以按照不同的团队规模和预算来选择适合的设备。

1. 主要拍摄设备

短视频的拍摄设备主要有手机、单反相机和微单相机。

（1）手机

随着智能手机的普及，手机可以说是十分常见的拍摄设备。现在短视频平台功能日趋完善，进入门槛低，短视频创作者可以直接用手机拍摄短视频并上传至短视频平台。对刚进入短视频行业且资金预算不足的新人来说，手机拍摄短视频是一个不错的选择。

手机的最大优势就是携带方便，短视频创作者可以随时随地进行拍摄，遇到精彩的瞬间可以直接拍摄下来当作素材。手机拍摄虽然便捷，但也有不足之处：虽然目前已经有光学变焦镜头的手机，但是跟相机比，用手机拍摄出来的视频画面，成像质量较差，色彩还原度较低；在光线较暗的地方，使用手机拍的画面容易出现噪点，使短视频画面模糊不清；手机镜头的防抖功能也较差，轻微晃动便会造成画面模糊。

（2）单反相机

短视频制作团队在发展到稳定阶段、有了一定规模之后，会面向更广大的用户，对拍摄的短视频画质和后期的要求也会越来越高，这时便需要考虑使用单反相机进行拍摄。使用单反相机拍摄出来的画面比使用手机拍摄出来的更清晰，效果更好。单反相机的主要优点在于：能够通过镜头更加精确地取景，拍摄出来的画面与实际看到的几乎一致；而且单反相机的镜头选择也比较多，包括标准镜头、广角镜头和长焦镜头等，可以满足多种场景的拍摄需求；单反相机具有强大的手控调节功能，可以根据个人需求来调整光圈、曝光度，以及快门速度等，取得独特的拍摄效果。

但是单反相机的缺点也很明显：一是单反相机过重，拍摄短视频时要将其长时间拿在手中，是个不小的挑战；二是拍摄者必须在熟悉快门、光圈、感光度等参数之后，才能灵活操作，否则会影响拍摄效果；三是单反相机电池续航能力差，很容易因电池没电而关机，在外拍摄时，要带上备用电池或者找到稳定的电源供给。

（3）微单相机

当资金预算有限，又想提高短视频的画质时，可以选择微单相机。与单反相机相比，微单相机体积小、重量轻，拍摄出来的画质也很清晰，性价比较高。

2. 辅助设备

拍摄短视频的辅助设备很多，常见的有稳定设备、灯光设备和其他辅助设备等。

（1）稳定设备

短视频拍摄对稳定设备的要求非常高。不管是使用手机、微单相机还是单反相机拍摄短视频，为了保证画面稳定、清晰，都需要借助稳定设备。常用的稳定设备有自拍杆、三脚架和独脚架、稳定器等。

①自拍杆。自拍杆（见图3-1）作为用手机自拍时常使用的设备，不仅可以让手机离身体更远，使镜头纳入更多的拍摄内容，还可以有效保证手机的稳定性。

②三脚架和独脚架。对短视频创作者来说，一个人拍摄时，三脚架和独脚架几乎是不可或缺的拍摄器材，它们可以防止拍摄设备抖动造成的短视频画面模糊。拍摄短视频的三脚架大概分为两种：一种是小巧轻便的桌面三脚架（见图3-2），另一种是拍摄视频的专业三脚架（见图3-3）。相对于专业三脚架，独脚架（见图3-4）的携带和使用更加方便、灵活。在使用较重的长焦镜头时，独脚架可以用来减轻拍摄者手持的劳累感，而且稳定性好。

图3-1　　　　　　　图3-2　　　　　　　　图3-3　　　　　　　图3-4

③稳定器。拍摄走路、奔跑等画面时，如果拍摄者徒手拿着手机、微单相机或单反相机，拍摄出来的画面会剧烈抖动，因此，需要在拍摄设备上安装稳定器。稳定器分为手机稳定器（见图3-5）、微单相机稳定器和单反相机稳定器（见图3-6）。

（2）灯光设备

摄影是光影的艺术，灯光造就了影像画面的立体感，是影像拍摄中的基本要素。

①LED环形补光灯。LED环形补光灯（见图3-7）基于高亮的光源与独特的环形设计，使人物脸部受光均匀，更有立体感，让皮肤更显白皙、光滑。LED环形补光灯外置柔光罩，让高亮的光线更加柔和、均匀，在顶部与底部中央位置均设计有热靴座和用于固定单反相机支架的固定孔，可用于固定化妆镜、手机、单反相机等。

②柔光箱和柔光伞。柔光箱（见图3-8）将光线在内部充分变柔和后发射出来，其产生的光线基本可以认为是一束平行光。柔光伞（见图3-9）主要通过减弱光源的直射强度制造出柔和的光线。将柔光箱和柔光伞制造出的两种光线分别打在墙上就能看出二者的区别。此外，柔光箱产生的阴影在相当范围内还是柔和的（对比照射在物体上的光线而言），而柔光伞离物体较远后，形成的阴影会变"硬"。想象一下太阳光就好理解了。

除了以上几种灯光设备，还有便携灯箱、无影罩、尖嘴罩等。短视频创作者可根据需求选择合适的灯光设备。

（3）其他辅助设备

除了稳定设备和灯光设备之外，专业的短视频制作团队还需要其他的辅助设备。

①摇臂。全景镜头、连续镜头和多角度镜头等镜头的拍摄，大多需要借助摇臂（见图3-10）来完成。对于摄像师来说，熟练操控摇臂已经成为必须掌握的技能。摇臂不仅让拍摄的画面具

有动感、多元化，还丰富了摄像师的拍摄方式。摇臂拥有长臂优势，摄像师可以用它拍摄到其他摄像机捕捉不到的画面。

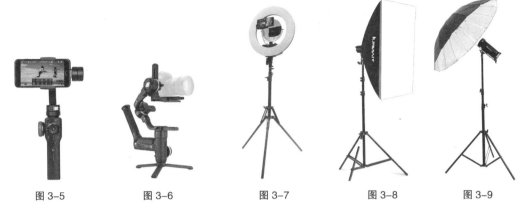

图 3-5　　　　图 3-6　　　　图 3-7　　　　图 3-8　　　　图 3-9

②滑轨。摄像师使用滑轨（见图 3-11）让拍摄器材实现平移、前推和后推等，使拍摄画面更具动感。目前，摄像滑轨主要分为手动滑轨和电动滑轨。手动滑轨操作十分简单，只需要用手轻轻地推动就可以完成拍摄；电动滑轨主要通过手机连接蓝牙，以控制单反相机移动。

③话筒。短视频由图像和声音结合而成，短视频画面虽然重要，但声音也是不可或缺的。拍摄短视频，不管是用手机拍摄还是用微单相机或单反相机拍摄，手机或者相机的收音效果都比较差，人声跟环境杂音混合在一起，因此仅依靠机内话筒是远远不够的，还需要外置话筒。常见的话筒包括无线话筒，又称"小蜜蜂"（见图 3-12）；还包括指向性话筒，也就是一般常见的机顶话筒（见图 3-13）。

图 3-10　　　　　　图 3-11　　　　　　　图 3-12　　　　　　图 3-13

课堂讨论

在短视频创作初期，短视频创作者可以优先选择哪些拍摄设备？原因是什么？

⬐ 3.1.2　布置良好的拍摄环境

在拍摄前，需要布置符合拍摄主题的拍摄环境，以保证拍摄顺利进行。下面介绍一下拍摄环境的布置要点。

扫一扫
布置良好的拍摄环境

1. 拍摄场地

拍摄场地要贴合拍摄主题，给人身临其境的感觉。例如，当拍摄主题为温馨的家庭时，可以直接在家中拍摄，还原日常生活中真实的状态，引发用户的共鸣。

2. 灯光布置

确定好拍摄场地之后，需要布置现场灯光。相对于影视剧拍摄的灯光布置，大部分短视频拍摄对灯光的要求不太高。常见的短视频布光方式如图 3-14 所示。

3. 设计陪体

优质的短视频中不仅有主体的存在，还要有可以突出主体的陪体。陪体不仅能够恰到好处地衬托主体，还能使画面更加丰富，使短视频更有层次感。处理陪体的时候要把握好分寸，切忌喧宾夺主，压过主体。两者有主有次、有虚有实，并构成一定的情节，否则就会削弱主体。陪体在画面中所占面积的多少、色调的安排等，都应服务于主体。有时出于表现主体或画面构图的需要，陪体可以不完整。

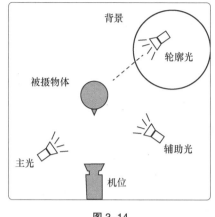

图 3-14

4. 避免噪声

如果环境过于嘈杂，很容易出现画外音，以致增加后期剪辑负担。因此，在拍摄时，拍摄人员应注意尽量避免不必要的噪声干扰。有时拍摄人员的呼吸声过大，也会被录进短视频中，影响短视频素材的质量，因此拍摄人员需要尽量稳定自己的情绪，将呼吸放缓。

↘ 3.1.3 课堂实战——分析短视频的环境布置

环境布置是拍摄过程中非常重要的环节，它能够凸显主题，营造画面效果，给人直观的视觉体验。浏览并观察各类短视频的环境布置，举例说说哪些短视频在环境布置方面让你印象深刻，并说明理由。

3.2 拍摄技巧的运用

短视频拍摄过程中，除了要有完善的策划、独特的创意，还需要有专业的拍摄人员。短视频创作者要想提高自己的拍摄水平，拍出高质量的短视频，就需要掌握一些技巧，如画面构图的设计、景别和景深的运用、拍摄角度的选择、光位的设置等。

扫一扫
画面构图的设计

↘ 3.2.1 画面构图的设计

虽然短视频拍摄的是动态画面，摄影拍摄的是静止画面，但是二者本质上并没有区别。在短视频拍摄的过程中，不管是移动镜头还是静止镜头，拍摄的画面实际上都是由多个静止的画面组合而成的，因此摄影中的一些构图方法也同样适用于短视频的拍摄。下面介绍一些常用的构图方法。

1．中心构图法

中心构图法是将主体放置在画面中心的构图法（见图3-15）。这种构图法的最大优点在于主体突出、明确，而且画面容易产生左右平衡的效果，是简单、常用的构图法。当主体较大，而画面中缺乏其他景物时，可采用中心构图法，否则主体的偏移会造成强烈的失衡感。采用中心构图法时建议采用画面简洁或者与主体反差较大的背景，这样可以更好地衬托主体。

2．三分构图法

三分构图法实际上是黄金分割构图法的简化版，是指将画面分成三等份的构图法，又分为垂直三分构图法和水平三分构图法。三分构图法可以避免画面过于对称，从而增加画面的趣味性，减少呆板感。图3-16采用了垂直三分构图法。和阅读一样，人们看图片时习惯由左向右移动，视点往往落于右侧，所以在构图时把主要景物、醒目的形象安置在右边，能获得更好的效果。

图 3-15

图 3-16

3．九宫格构图法

如果把画面当作一个有边框的图形，把左、右、上、下四个边都分成三等份，然后用直线把这些对应的点连起来，画面中就会出现一个井字，画面被分成九个大小相等的方格，井字的四个交叉点就是趣味中心，在四个交叉点中的任意一点上都可以放置主体。将人物脸部安排在右上角附近，如图3-17所示，可以有效突出主体人物。需要注意的是，在九宫格构图中，主体不一定要放在交叉点的位置，只要将想要表现的主体安排在这个交叉点的附近，就可以很好地突出主体。

4．对称构图法

对称构图法是将画面分成轴对称或者中心对称的两部分，给观众以平衡、稳定和舒适的感觉的构图方法。对称构图可以突出拍摄主体的结构，一般用于建筑物的拍摄，如图3-18所示。需要注意的是，拍摄人员使用对称构图法时，并不讲究完全对称，只要做到形式上的对称即可。

图 3-17

图 3-18

5. 引导线构图法

引导线构图法就是利用线条将观众的视线引向画面想要表达的主要物体上，如图 3-19 所示。引导线可以是河流、车流、光线投影、长廊、街道、一串灯笼、车厢等。只要是有方向性的、连续的点或线且能起到引导视线作用的，都可以称为引导线。

6. 框架构图法

框架构图法很独特，是指在场景中布置或利用框架将要拍摄的内容放置在框架里，将观众的视线引向中心处的主体的构图方法，如图 3-20 所示。画面中的框架更多起到引导作用，不但不会引起额外注意，反而会使主体更为突出。框架的选择多种多样，可以借助屋檐、门框和桥洞等物体，也可以利用其他景物搭建框架。

图 3-19

图 3-20

3.2.2 景别和景深的运用

扫一扫
景别和景深的运用

景别和景深是两个不同的概念，景别是被摄主体在画面中呈现的范围，景深是在画面中获得相对清晰影像的景物空间深度范围。恰当运用景别和景深，可以提升画面的空间表现力。

1. 运用景别，营造不同的空间表现效果

景别是指由于在焦距一定时，摄像机与被摄主体的距离不同，而造成被摄主体在摄像机录像器中所呈现出的范围大小的区别。景别一般可分为五种，由远至近分别为远景（表现被摄主体所处环境）、全景（表现人体的全部和周围部分环境）、中景（表现人体膝部以上）、近景（表现人体胸部以上）、特写（表现人体肩部以上）。在电影中，导演和摄像师利用场面调度和镜头调度，交替地使用不同的景别，可以使影片剧情的叙述、人物思想感情的表达、人物关系的处理更具有表现力，从而增强影片的艺术感染力。在剧情表演性比较强的短视频中也同样如此。

（1）远景

远景常用于表现场面广阔的画面，如自然景色、盛大的群众活动等，如图 3-21 所示。远景提供的视野宽广，能包括广大的空间，以表现环境气势为主，人物在其中显得极小。画面给人从很远的距离观看景物和人物的感觉，看不清人物细节。在电影拍摄中，远景常用来展示事件发生的环境等，并在抒发情感、渲染气氛方面发挥作用。由于远景所包括的内容多，观众看清画面所需时间也会相对延长，因此远景镜头的时长一般不应少于 10 秒。

（2）全景

全景用于表现人物的全身或场景的全貌，如图 3-22 所示。运用全景时，观众可以看清人物的形体动作以及人物和环境的关系。为使观众看清画面，全景镜头的时长不应少于 6 秒。

图 3-21

图 3-22

（3）中景

中景用于表现人物膝部以上的部位或局部场景，如图 3-23 所示。运用中景时，观众可以看清人物上身的形体动作和表情，有利于交代人与人、人与物之间的关系。中景是表演场面的常用景别，常用于叙事性的描写。在一部影片中，中景占有较大的比例。导演和摄像师在处理中景时需要注意使人物和镜头调度富于变化，做到构图新颖、优美。

（4）近景

近景用于表现人物胸部以上或物体的局部，如图 3-24 所示。运用近景时，观众可以看清人物的面部表情和细微动作，仿佛置身于场景中。

图 3-23

图 3-24

（5）特写

特写用于表现人物肩部以上的部位或某些细节，如图 3-25 所示。运用特写可突出人或物。特写镜头往往能将演员细微的表情和某一瞬间的心理活动传达给观众，常被用来细腻地刻画人物性格，表现情绪。特写有时也用来突出某一物体的细节，揭示其特定含义。特写是电影中刻画人物、描写细节的独特表现手段，是电影艺术区别于戏剧艺术的特点之一。

特写在影片中可以起到类似音乐中的重音作用，镜头

图 3-25

时长一般较短，在视觉上贴近观众，容易给人以视觉上、心理上的强烈冲击力。当特写与其他景别结合使用时，就会通过长短、强弱、远近的变化，形成蒙太奇节奏。特写镜头因具有极其鲜明、强烈的视觉效果，所以在一部影片中不宜滥用。在影片中，我们还常常使用特写镜头来转场。

2. 运用景深，控制画面的层次变化

当镜头对着被摄主体完成聚焦后，被摄主体与其前后的景物有一段清晰的范围，这个范围

称为景深。因为该范围内画面的清晰程度不一样，所以景深又被分为深景深、浅景深。深景深，背景清晰；浅景深，背景模糊。使用浅景深可以有效地突出被摄主体，通常在拍摄近景和特写镜头时采用；而深景深则起到交代环境的作用，表现被摄主体与周围环境及光线之间的关系，通常在拍摄自然风光、大场景和建筑等时采用。

光圈、焦距以及镜头到被摄主体的距离是影响景深的三个重要因素。光圈越大（光圈值越小），景深越浅（背景越模糊）；光圈越小（光圈值越大），景深越深（背景越清晰）。镜头焦距越长，景深越浅；镜头焦距越短，景深越深。被摄主体离镜头越近，景深越浅；被摄主体离镜头越远，景深越深。

景深的作用主要表现在两个方面：表现主体的深度（层次感）、突出被摄主体。景深能增强画面的纵深感和空间感，如物体在同一平行线上，有规律且远近不同地排列着，呈现出大小、虚实的不同，让画面的空间感、纵深感变得非常强。突出被摄主体，这应该是景深最受人喜欢的作用了。当画面背景杂乱、主体不突出时，摄像师直接拍摄，画面毫无美感，而使用浅景深将背景模糊，便可以有效地突出主体。

课堂讨论

选择一种或多种不同的构图方法和景别拍摄几张照片，选出一张你最喜欢的照片并分享给大家。

↘ 3.2.3　拍摄角度的选择

拍摄角度是影响画面效果的重要因素之一，拍摄角度的变化会影响画面的主体与陪体、前景与背景及各方面因素的变化。在拍摄过程中，摄像师要根据需要表达的含义，选择拍摄角度。拍摄方向和拍摄高度是构成拍摄角度的重要内容，下面详细介绍。

扫一扫
拍摄角度的选择

1. 拍摄方向

拍摄方向是指以被摄主体为中心，在同一水平面上围绕被摄主体选择摄影点，即平常所说的前、后、左、右或者正面、正侧面、斜侧面和背面方向，此处只介绍后四个方向。

（1）正面方向

正面方向，指摄像机对着被摄主体的正前方拍摄。正面方向拍摄有利于表现被摄主体的正面特征，一般来说，化妆教程、"开箱"、推荐好物等类型的短视频经常采用这个拍摄角度。正面方向拍摄出来的画面中人物的面部特征及神情完整，如图 3-26 所示，有利于画面人物与观众面对面地交流，增强亲切感。

（2）正侧面方向

正侧面方向，指摄像机对着被摄主体的正左或正右方拍摄，如图 3-27 所示。正侧面方向用于拍摄人物有其独特之处。一是有助于突出人物正侧面的轮廓，容易表现人物面部轮廓和姿态，更容易展示被摄主体的侧面形象。拍摄人与人之间的对话情景时，若想在画面中展示双方的神情、彼此的位置，正侧面方向拍摄常常能够照顾周全，不致顾此失彼。二是正侧面方向拍摄由于能较完美地表现运动物体的动作，展现出运动的特点，因此常用来拍摄体育比赛等以表现运动为主的画面。

图 3-26

图 3-27

（3）斜侧面方向

摄像师从斜侧面方向拍摄被摄主体时，摄像机的镜头位于被摄主体的正面和正侧面之间，从斜侧面方向既可以拍摄被摄主体的正面部分，又可以拍摄其侧面部分。斜侧面方向是指偏离正面，或向左或向右环绕对象移动到侧面的拍摄位置，是较为常用的方向之一，如图 3-28 所示。

（4）背面方向

背面方向即通常所说的正后方，背面方向拍摄是指摄像机对着被摄主体的正后方拍摄。背面方向是很容易被摄像师忽视的角度，其实，背面方向拍摄常常可以收获意想不到的效果。背面方向拍摄可以为观众带来较强的参与感，许多新闻摄像记者采用这个角度进行追踪采访，具有很强的现场纪实效果。背面方向拍摄常用于拍摄主体人物的背面，可以将主体人物与背景融为一体，背景中的事物就是主体人物关注的对象，如图 3-29 所示。背面方向拍摄还能制造悬念。选择背面方向拍摄，观众不能直接看到人物的面部表情，如果镜头处理得当，则能积极调动观众的想象力。

图 3-28

图 3-29

2. 拍摄高度

拍摄高度是指改变摄像机与被摄主体水平线的高低所选择的拍摄角度。拍摄高度有平角度、仰角度、俯角度及顶角度等。不同的拍摄高度会产生不同的构图变化。

平角度是指摄像机镜头与被摄主体处在同一水平面上的角度。平角度接近人观察事物的角度，符合人的正常心理特征和观察习惯。在这一角度拍摄的画面在结构、透视、景物大小、对比度等方面与人眼观察所得图像大致相同，使人感到亲切、自然，如图 3-30 所示。

仰角度是指摄像机的位置低于被摄主体的位置，镜头向上仰起时进行拍摄的角度。由于摄像机镜头低于被摄主体，拍摄的画面会产生仰视效果，使景物显得更加高大雄伟。采用仰角度拍摄的画面的地平线低，从而可以突出画面中的主体，将次要的物体、背景置于画面的下部，使画面显得干净，如图 3-31 所示。

俯角度是指摄像机的位置高于被摄主体的位置，镜头向下俯视时进行拍摄的角度。俯角度画面中地平线明显升高，采用俯角度拍摄可以表现被摄主体的正面、侧面和顶面，增强被摄主体的立体感和画面空间的层次感，有利于展示场景内景物的层次、规模，常被用来表现宏大场面，给人以宽广、辽阔的视觉感受，如图 3-32 所示。在采用俯角度拍摄人物时，拍摄的画面会让观众产生一种被摄人物陷入困境、压抑的感觉。

顶角度是指摄像机的位置与地面近乎垂直，在被摄主体上方拍摄的角度。这种角度由于改变了人们正常观察事物时的视角，画面各部分的构图有较大的变化，会给观众带来强烈的视觉冲击力，如图 3-33 所示。

图 3-30

图 3-31

图 3-32

图 3-33

课堂讨论

尝试用不同角度进行拍摄，并举例说明它们呈现的效果有何不同。

↘ 3.2.4 光位的设置

光位指光源相对于被摄主体的位置，即光线的方向和角度。同一被摄主体在不同的光位下会产生不同的效果。常见的光位有顺光、逆光、侧光、顶光和底光等。

扫一扫
光位的设置

1. 顺光

顺光，又称正面光，指投射方向与拍摄方向相同的光线。顺光时，被摄主体受到均匀照射，景物的阴影被景物自身遮挡住，影调比较柔和，能拍摄出被摄主体表面的质地，比较真实地还原被摄主体的色彩，如图 3-34 所示。其缺点是顺光下的画面色调和影调只能靠被摄主体自身的色阶来营造，画面缺乏层次和光影变化，立体感较差，艺术气氛不强。摄像师可以通过画面中的线条和形状来凸显透视感，从而突出主体。

2. 逆光

逆光，又称背光、轮廓光，指从被摄主体的背面投射过来、投向镜头的光线。逆光照射的方向与相机镜头取景的方向在同一条轴线上，方向完全相反。逆光拍摄能够清晰地勾勒出被摄主体的轮廓，被摄主体只有边缘部分被照亮，形成轮廓光或者剪影的效果，这对表现人物的轮廓特征，以及区分物体与物体、物体与背景都极为有效。运用逆光拍摄，能够获得造型优美、轮廓清晰、影调丰富、质感突出且生动活泼的画面效果。摄像师在采用逆光拍摄时，需要注意背景与陪体以及时间的选择，还要考虑是否需要使用辅助光等。在逆光的场景下，如图 3-35 所示，被摄主体的发丝更明显、更漂亮，身体的边缘线也呈现出来，整个人物显得更立体；而且恰当地运用逆光，可以使画面产生朦胧、唯美、浪漫的效果。

3. 侧光

侧光是指从侧面射向被摄主体的光线。侧光能使被摄主体有明显的受光面和背光面，产生清晰的轮廓。侧光的方向和明暗关系十分明确，会在被摄主体上形成强烈的阴影，使被摄主体有鲜明的层次感和立体感。侧光又可细分为前侧光、正侧光和后侧光。前侧光是指从被摄主体的侧前方射来与被摄主体成 45°左右的光线，这是常见的侧光；正侧光是指与被摄主体成 90°左右的角度，从被摄主体左右两侧照射的光线；后侧光又称侧逆光，是指与被摄主体成 135°左右的光线。不同的侧光，可以强调被摄主体的不同部位。摄像师在拍摄短视频的过程中，需要根据不同的画面效果采用不同的侧光。图 3-36 所示为正侧光拍摄的照片。

图 3-34　　　　　　　　　　　图 3-35　　　　　　　　　　　图 3-36

4. 顶光和底光

顶光，就是从头顶上方照射下来的光线。最具代表性的顶光就是正午的阳光，这种光线使凸出来的部分更明亮、凹进去的部分更阴暗，如它会使人物的额头、颧骨、鼻子等凸出的部位被照亮，而眼睛等凹下处出现阴影。顶光通常用来表现人物的特殊精神面貌，如憔悴、缺少活力的状态等。底光则是指从下方垂直照上来的光线，通常用于刻画阴险、恐怖、刻板的效果。底光更多出现在舞台戏剧照明中。低角度的反光板、广场的地灯、桥下水流的反光等也带有底光的性质。

↘ 3.2.5　运镜方式的巧用

运镜又称为运动镜头、移动镜头，是指通过移动摄像机机位，或者改变镜头光轴，或者变换镜头焦距所进行的拍摄。在短视频拍摄中，巧妙运镜有利于丰富画面场景，表现被摄主体的情感。常见的运镜方式有推镜头、拉镜头、摇镜头、移镜头、跟镜头、甩镜头和升降镜头等。

扫一扫
运镜方式的巧用

1.　推镜头

推镜头是画面从远到近，在被摄主体位置不变的情况下，相机向前缓缓移动或急速推进的运镜方式。随着摄像机的前推，景别逐渐从远景、中景到近景，甚至是特写；画面里的次要部分逐渐被推移到画面之外；主体部分或局部细节逐渐被放大，占满画面。推镜头的主要作用是突出主体，使观众的注意力相对集中，视觉感受得到加强，处于一种审视的状态。它符合人们在实际生活中由远及近、从整体到局部、由全貌到细节观察事物的习惯。

2.　拉镜头

拉镜头是在被摄主体位置不变的情况下，摄像机由近而远向后移动拍摄的运镜方式。取景范围由小变大，逐渐把陪体或环境纳入画面；被摄主体由大变小，其表情或细微动作逐渐不清晰，与观众距离也逐步加大；在景别上，由特写或近景、中景，拉成全景、远景。拉镜头的主要作用是交代人物所处的环境，把被摄主体重新纳入一定的环境，提醒观众注意人物所处的环境或者人物与环境之间的关系变化。

3.　摇镜头

摇镜头是不移动摄像机，而是借助活动底盘使镜头上下、左右甚至旋转拍摄的运镜方式。摇镜头的效果犹如人们转动头部环顾四周或将视线由一点移向另一点的视觉效果。一个完整的摇镜头包括起幅、摇动、落幅三个相互贯连的部分，从起幅到落幅的运动过程，使得观众不断调整自己的视线。左右摇镜头常用来介绍大场面，上下摇镜头常用来展示高大物体的雄伟、险峻。摇镜头在逐一展示、逐渐显示景物全貌时，还可以使观众产生身临其境的感觉。

4.　移镜头

移镜头是移动摄像机（往往要借助器械），或者直接由摄像师在被摄主体前方、后方或者侧方移动拍摄的运镜方式。不管被摄主体处于静止还是运动之中，镜头的移动都会使被摄主体呈现位置不断移动的态势，充满动感。移动拍摄的效果是非常灵活的，但同时会造成画面抖动，这时就要用到稳定器来控制摄像机的移动和旋转。移镜头开拓了画面的造型空间，创造出独特的视觉艺术效果，在表现大场面、大纵深、多景物、多层次的复杂场景时能够表现出气势恢宏的造型效果。

5.　跟镜头

跟镜头是摄像机的拍摄方向与被摄主体的运动方向成一定角度，且与被摄主体保持等距离运动的运镜方式。跟镜头大致可以分为前跟、后跟（背跟）、侧跟三种情况。前跟是指从被摄主体的正面拍摄，也就是摄像师倒退拍摄；后跟和侧跟是指摄像师在人物背后或旁侧跟随拍摄。

跟镜头具有被摄主体不变、背景不断变化的画面特征。被摄主体在画面中的位置相对稳定，景别也相对稳定，镜头始终跟随运动着的主体，可以连续而详细地表现主体在运动中的动作和表情。采用跟镜头既能突出运动中的主体，又能交代主体的运动方向、速度、体态及其与环境的关系，使画面中主体的运动保持连贯，展示主体在动态中的精神面貌，给观众以特别强的穿越空间的感觉。

6. 甩镜头

甩镜头是快速移动拍摄设备，从一个静止画面快速甩到另一个静止画面，使中间影像模糊，变成光流的运镜方式。甩镜头常用于表现人物视线的快速移动或某种特殊视觉效果，使画面具有爆发力。

7. 升降镜头

升降镜头是摄像机借助升降装置一边升降一边拍摄的运镜方式。升镜头是指镜头向上移动形成俯视拍摄，以显示广阔空间的运镜方式；降镜头是指镜头向下移动进行拍摄的运镜方式，多用于拍摄大场面，以营造气势。升降镜头扩展和收缩了画面视域，通过视点的连续变化形成了多角度、多方位的构图效果，有利于表现高大物体的局部以及纵深空间中的点面关系。

课堂讨论

请分组尝试利用不同的运动镜头拍摄人物，组间分享与讨论，并评选出优秀作品。

知识拓展

不管是拍摄视频还是拍摄照片，人们都更倾向于看到清晰的画面。我们在拍摄中运用一定的技巧，能大幅提升拍摄质量。

①尽量横置手机拍摄。建议大家双手横持手机进行拍摄，因为双手持机会使机身更加稳定，能有效减少画面的抖动。②利用其他物体作为支撑点。例如，在拍摄静态画面时，如果身边有比较稳定的大型物体，如大树、墙壁、桌子等，可以借助它们来进行拍摄。③保持正确的拍摄姿势。手持拍摄时运用正确的姿势非常重要，除了保持呼吸的平稳外，还可以靠墙、靠栏杆等，让身体保持相对稳定。④拍摄过程中谨慎对焦。如果拍摄者不是刻意追求画面的虚化效果，那么建议在摄像前关闭自动对焦功能。在拍摄前尽量找好焦点，避免在拍摄过程中频繁对焦。⑤选择稳定的拍摄环境。拍摄者想要拍出稳定的画面，在拍摄场景的选择上就要尽量避免坑洼的地面，尽量选择平整、结实的路面。

↘ 3.2.6 尺寸和格式的设置

扫一扫
尺寸和格式的设置

发布到网络中的短视频，如果模糊不清，即使内容再精彩，也会严重影响用户的观看感受，从而无法获得用户的喜爱。因此，在拍摄短视频时，我们需要通过设置短视频的尺寸和格式来保证画面质量，下面分别介绍尺寸和格式的设置。

1. 尺寸

短视频中的尺寸通常用分辨率来体现，分辨率是屏幕图像的精密度，是指显示器所能显示的像素的多少，通常用像素点的数量来表示。例如，12像素 ×8像素的意思是水平像素数为12个，垂直像素数为 8 个，总像素数为 96 个。分辨率影响的是视频的精细程度，在被摄对象一定的情况下，分辨率越大，视频的内容就越精细。表 3-1 所示为目前常见的视频尺寸。

表 3-1 目前常见的视频尺寸

标准	分辨率	屏幕比例
SVGA	800 像素 ×600 像素	4：3
XGA	1024 像素 ×768 像素	4：3
HD	1366 像素 ×768 像素	16：9
WXGA	1280 像素 ×800 像素	16：10
UXGA	1600 像素 ×1200 像素	4：3
WUXGA	1920 像素 ×1200 像素	16：10
FHV（1080P）	1920 像素 ×1080 像素	16：9
2K WQHD	2560 像素 ×1440 像素	16：9
UHD	3840 像素 ×2160 像素	16：9
4K UHD	4096 像素 ×2160 像素	大约 17：9
5K UHD	5120 像素 ×2880 像素	16：9
6K UHD	6016 像素 ×3384 像素	16：9
8K UHD	7680 像素 ×4320 像素	16：9

2. 格式

视频格式种类繁多，比较常见的包括 AVI、WMV、MKV、MOV、MP4、RMVB、MPG 和 FLV 等。在实际应用的过程中，不同的拍摄设备拍摄出来的短视频格式也存在差异，都需要转换成短视频平台所支持的格式。例如，抖音平台只支持 MP4 和 WEBM 格式的视频。

↘ 3.2.7 课堂实战——设置短视频的尺寸

不同的短视频平台中短视频画面的显示比例是不同的，所以，在拍摄好短视频后，我们需要更改短视频尺寸，才能正常发布到短视频平台。下面以在剪映 App 中更改短视频尺寸为例，介绍设置短视频尺寸的相关操作。

①下载并安装好剪映 App，点击其图标，启动剪映。进入剪映主界面，点击【开始创作】，如图 3-37 所示。

②进入选择视频界面，这里选择需要设置的短视频文件（案例素材\第 3 章\夕阳—原始文件 .mp4），选中【高清】单选项，点击【添加】按钮，如图 3-38 所示。

③进入剪辑视频的界面，在下方工具栏中点击【比例】按钮，如图 3-39 所示。

④在展开的比例选项中选择【9：16】，如图 3-40 所示。

⑤点击界面右上角的【1080P】按钮，打开设置短视频分辨率和帧率的界面，拖动滑块即可调整对应参数，下方会自动显示调整后的文件大小。点击右上角的【导出】按钮，如图 3-41 所示。

图 3-39

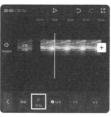 

图 3-37　　　　　图 3-38　　　　　图 3-40　　　　　图 3-41

 ## 素养课堂

任何一门技能的习得都必须经过刻苦钻研，脚踏实地，一点一滴地积累，这是一个漫长而艰难的过程，绝非一日之功，也没有捷径。在日常学习中，学生一定要克服畏难情绪，敢于迎接挑战，不能仅限于基础知识的掌握，应最大限度地调动学习兴趣，主动迎接困难，这样才能体会到成功后的幸福感和获得感。

3.3　使用手机或单反相机/微单相机拍摄短视频

使用手机或单反相机/微单相机拍摄短视频，可以说是短视频创作者的家常便饭，但是很多人可能对拍摄出来的短视频并不是很满意。下面介绍如何用手机或单反相机/微单相机拍摄优质的短视频。

扫一扫
使用手机拍摄短视频的技巧

3.3.1　使用手机拍摄短视频的技巧

手机是常用的拍摄设备，只要启动手机中的相机应用，进入视频模式，然后轻点按键就可以开始拍摄了。下面介绍用手机拍摄短视频的技巧，希望有助于提升大家的拍摄技术。

1. 灵活运用横、竖屏拍摄

如果制作完成的短视频要上传到哔哩哔哩等平台，那么竖屏拍摄的画面布局和比例会给人一种不舒服的感觉，影响用户的观看体验，所以建议用横屏拍摄。如果短视频要上传到抖音、快手等平台，则采用竖屏拍摄会给用户带来更好的观看体验。所以拍摄之前，短视频创作者要想好在哪个短视频平台发布作品，灵活运用横、竖屏拍摄。

2. 画面稳定很重要

高质量短视频可以获得较高的播放量和点赞量，而制作高质量短视频的基础和关键是保持画面的稳定与清晰。如果画面抖动严重，观众的观看体验会很差。现在很多手机都有防抖功能，建议读者在拍摄短视频的时候打开防抖功能，同时在移动拍摄的过程中将手肘紧靠在身体两侧，这样拍摄出来的画面会更稳定。在固定机位时，三脚架是较好用的辅助工具之一。

3. 好的构图是关键

短视频拍摄的是动态画面，摄影拍摄的是静态画面，而动态画面实质上是由一个个静态画面连接起来的，二者本质上没有区别。因此读者可以学习一定的构图知识（参考 3.2.1 的内容），并将其运用到短视频拍摄中，使短视频画面清晰、简洁、赏心悦目。

4. 合理运用光线

拍摄短视频时，好的光线可以为短视频锦上添花，而太亮或者太暗的光线则会破坏短视频画面。如果发现镜头里的画面太亮或者太暗，拍摄者可以改变位置或重新找个角度，合理运用顺光、逆光、侧光等营造想要的画面氛围，另外，拍摄者还可以借助一些简单的灯光设备。

5. 合理使用运镜方式

拍摄时要注意不要用同一个焦距、同一个姿势拍完全程，画面要有一定的变化，可以通过推、拉镜头等来丰富画面。在拍摄同一个场景时也可以通过全景、中景、近景等多个景别来实现画面的切换，使画面不会显得乏味，增强观众的观看兴趣。

6. 设定曝光与对焦

使用手机拍摄短视频时，很重要的一点就是使用自动曝光与对焦锁定。使用部分手机时，只需用手指长按手机屏幕，屏幕就会出现一个黄色的小方框（这个小方框表示对其所框住的景物进行自动曝光与对焦锁定），这样可以避免手机在拍摄中频繁改变曝光和对焦点。拍摄者频繁改变曝光和对焦点，拍摄出来的画面会忽亮忽暗，不利于后期剪辑。我们想接近一个物体进行拍摄时，可使用手动对焦，只需要在屏幕中点击想要对焦的地方就可以了。

7. 寻找有创意的角度

在众多短视频的冲击之下，想要让自己的短视频脱颖而出，拍摄者可以多从一些独特的角度来拍摄有趣的画面。例如，在比较低的地方或者在楼顶等高的地方进行拍摄，可能会获得意想不到的效果；在拍摄主体时，在前景中加一些小物体，如一朵鲜花或者一片树叶，会让画面看起来不那么沉闷。

8. 提高音质

不好的音质会影响视频质量。拍摄者使用手机自带的话筒录制声音，人声和环境音会被同时收录到话筒中，这样人声就可能会显得较弱，容易与环境音混为一体。若想提高音质，在拍摄时，拍摄者可使用外置话筒单独收音，如使用指向性话筒。

9. 做好拍摄前的准备工作

在拍摄之前，我们需要检查手机的电量与内存，可以带上一个充电宝，并设置好手机拍摄视频的分辨率与帧率。同时也需要制订好拍摄计划，我们尽可能把所有事情先计划好，如拍摄地点、用时、构图、运镜方式等，提高拍摄效率，避免浪费时间。

10. 设置分辨率和帧率

为了保证短视频画面清晰，在拍摄短视频之前，我们需要设置手机的分辨率和帧率两个参数。如果使用的是苹果手机，我们需要在系统的【设置】选项中进行参数设置。如果使用的是安卓手机，我们需要在【相机】中的【设置】选项中进行参数设置。分辨率和帧率的参数选择有很多，我们需要根据相机的参数设置范围进行选择。

小贴士

以上参数设置完成后，因为苹果手机自带的录制视频功能不具备美颜效果，所以如果拍摄者使用的是苹果手机，可以直接点击【录制】按钮录制视频；如果拍摄者使用的是安卓手机，在录制视频之前还可以进行一定的美颜设置，设置完成后，再点击【录制】按钮录制视频。

3.3.2 使用单反相机／微单相机拍摄短视频的优势和技巧

扫一扫
使用单反相机/微单
相机拍摄短视频的
优势和技巧

使用手机拍摄短视频可能无法满足专业人员的需求，因此越来越多的人开始使用拥有更专业拍摄功能的单反相机／微单相机。下面介绍使用单反相机／微单相机拍摄短视频的优势和技巧。

1. 使用单反相机/微单相机拍摄短视频的优势

大家都知道单反相机／微单相机的摄影功能很强大，其实它的录像功能也同样强大。与手机和一般的相机相比，单反相机/微单相机拥有什么优势呢？下面让我们来了解一下。

（1）丰富的镜头选择

单反相机／微单相机的镜头对画面成像具有相当重要的作用，选择不同焦段的镜头带来的是不同的画面景别、景深关系。在画面景别上，使用长焦镜头可以拍摄更远的画面，使用广角镜头则可以拍摄更宽广的画面。不同的镜头光圈则会给画面带来不同的景深效果（也就是背景虚化效果）：光圈越大，背景虚化效果越强。虽然现在很多手机自带的摄像头和手机适配的镜头也可以改变焦距等，但是与单反相机／微单相机相比还是有很大的差距。

（2）更好的画质呈现

拍摄画面的画质好坏，不仅取决于镜头，还取决于图像传感器（也叫感光元件）。图像传感器的面积关系到拍摄成像的效果：面积越大，成像的效果越好。单反相机／微单相机的图像传感器尺寸远远超过普通的相机，这意味着单反相机／微单相机有着更高的像素采样质量、更广的动态范围以及更强的感光能力，所以能够呈现出更优质、细腻的画面。

2. 使用单反相机/微单相机拍摄短视频的技巧

其实使用单反相机／微单相机拍摄短视频很简单，但是初学者想要拍摄出比较专业的效果，还需要掌握一些技巧，并需要为单反相机／微单相机配置额外的配件。

（1）注意单反相机／微单相机的内存及电池

拍摄短视频之前，我们需要明确短视频的主题和内容，大概知道拍摄的时长和占用的内存，这样我们才能知道要用多大的存储卡。尤其是在拍摄商业短视频时，如果因为内存不足或者电池没有电而耽误拍摄时间，会造成一些麻烦。所以在拍摄短视频之前，我们需要把电池充满电，同时保证存储卡内存足够。

（2）设置合适的短视频录制格式和尺寸

很多初学者经常拿起相机就开始拍摄，没有提前设置相关参数，拍摄完之后才发现短视频尺寸不对，需要重新拍摄，这样会给后续工作造成一些麻烦和问题。在没有特殊要求的前提下，通常选择1080P的分辨率和25的帧率。

（3）使用M档，手动设置曝光模式

使用单反相机/微单相机拍摄短视频时，建议使用相机的M档，手动设置曝光模式，这样更方便单独控制快门、光圈、感光度等参数。如果选择自动模式，在一些明暗变化较大的场景下，短视频画面会忽明忽暗，影响观众的观看体验。

（4）设置快门速度

录制短视频与拍摄静态照片的快门速度是不同的。我们使用单反相机/微单相机拍摄短视频时，若快门速度过快，画面会显得不流畅，出现明显的卡顿；若快门速度过慢，画面的运动状态就会模糊，画面会变得不清晰。拍摄短视频时，一般将快门速度数值设置为拍摄帧率数值的2倍，通常帧率设置为25fps，快门速度设置为1/50秒。

（5）设置光圈

光圈主要用于控制画面的亮度及背景虚化程度。光圈越大，画面越亮，背景虚化越强；光圈越小，画面越暗，背景虚化越弱。光圈值越大，表示光圈越小，如光圈值为f/2.8的是大光圈，光圈值为f/11的是小光圈。当光圈过小、画面过暗时，可以调整感光度。

（6）设置感光度

感光度（ISO）是控制画面亮度的一个变量。在光线充足的情况下，感光度越低越好。即使光线比较暗，感光度也不要设置得太高，因为感光度过高，画面会产生噪点，进而影响画质，特别是感光度大于2000度时，屏幕上会出现很多闪动的小花点（这就是噪点），不仅严重影响画质，而且后期也无法修复。

（7）手动调节白平衡

由于拍摄短视频时会有较多的背景环境变化，使用自动白平衡会出现短视频画面颜色不一致的问题，因此我们需要手动调节白平衡及色温值（K值）。调节色温值即调节画面色调的冷暖：色温值越高，画面越暖，越偏黄色；色温值越低，画面越冷，越偏蓝色。一般情况下，将色温值调到4900~5300即可，这个范围的色温值属于中性值，适合大部分的拍摄题材。

（8）手动对焦

拍摄短视频时，有一大难点便是对焦。如果选择自动对焦，在拍摄短视频的过程中很容易出现脱焦、对焦错误等情况，造成已拍摄好的短视频使用不了。所以建议选择手动对焦。

（9）提高录音质量

高质量的短视频不仅要画面清晰、美观，还要保证录音质量。大多数单反相机/微单相机的内置话筒的收音效果不尽如人意，所以建议购买可以安装在热靴上的话筒，再配合相机的录音电平功能，可以大幅提升单反相机/微单相机的录音质量。如果我们在户外进行短视频录制，建议开启风声抑制功能，降低风噪。如果对录音的实时监听有较高的要求，建议购买带有耳机监听接口的相机，我们可以通过耳机实时监听录音效果。

↘ 3.3.3　课堂实战——使用手机拍摄短视频

手机已经成为短视频拍摄的主要设备，短视频创作者除了使用手机自带的视频拍摄功能，还可以通过下载和安装 App 来进行短视频拍摄。下面介绍使用 App 和手机自带的相机拍摄短视频的方法。

1. 使用App拍摄

手机拍摄短视频常用的 App 主要有两种类型：一种是短视频平台的官方 App，其自带短视频拍摄功能；另一种是视频拍摄 App。

（1）短视频平台的官方 App

目前大多数短视频平台的官方 App 都具备短视频拍摄功能，如抖音、快手、腾讯微视、美拍和秒拍等，图 3-42 所示为抖音某版本的视频拍摄界面，图 3-43 所示为快手的视频拍摄界面。用户可以利用 App 中的原创效果、滤镜和场景切换等功能美化和编辑短视频，并将其直接发布到该短视频平台。

图 3-42

图 3-43

（2）视频拍摄 App

①相机 App。这种类型 App 的主要功能是拍摄和制作各种照片，短视频拍摄只是其次要功能，比较常见的有轻颜相机、美颜相机等，图 3-44 所示为美颜相机的视频拍摄界面。

②图片和视频剪辑 App。这种类型 App 的主要功能是对拍摄的照片和视频进行编辑和美化，其本质是具有短视频拍摄功能的视频剪辑 App，典型代表是美图秀秀，如图 3-45 所示。

③专业的视频拍摄 App。这种类型 App 的主要功能是拍摄各种视频，比较常见有 ProMovie、Filmic 专业版和 ZY Play 等，这类 App 通常采用横屏的拍摄方式，一些专业的短视频拍摄团队通常会使用这类 App。

图 3-44

图 3-45

2．使用手机拍摄

下面以苹果手机为例，介绍使用手机自带相机拍摄美食制作类视频的具体操作。

（1）设置短视频的尺寸

在手机中设置拍摄短视频的尺寸。

①在手机主界面中点击【设置】图标，打开手机的【设置】界面，在其中选择【相机】选项，如图3-46所示。

②打开手机的【相机】界面，在其中设置【录制视频】选项，如图3-47所示。

③打开手机的【录制视频】界面，在其中可以设置拍摄短视频的参数，这里选择【1080p HD，60fps】选项，如图3-48所示。

图3-46

图3-47

图3-48

小贴士

在设置短视频的尺寸时，苹果手机是在手机的【设置】中设置的，如果是安卓手机，则需要在相机里的【设置】中设置。

（2）设置参数并做好拍摄准备

下面设置景别、运镜方式、构图方式等参数，做好拍摄准备工作。

①确定景别。由于拍摄的是美食制作过程，为了看清整个过程，使用近景拍摄较好。

②确定运镜方式。通常美食制作类短视频内容中只会出现制作过程，因此一般会使用固定拍摄和俯视拍摄的方式。

③确定构图方式。比较适合美食制作类短视频的构图方式是中心构图。

④调整手机显示屏的亮度。打开手机的控制中心界面，将亮度值调整到最大，如图3-49所示。

⑤根据拍摄环境的光线情况，调整对焦和亮度。打开手机【相机】，然后点击【视频】按钮，进入视频拍摄界面；将镜头对准将要拍摄的厨具，再在屏幕的中间位置点击，出现一个黄色方框，如图3-50所示，用于对焦；接着上下拖动方框右侧太阳形状的滑块，调整镜头的曝光补偿，通常向上拖动时会使视频画面整体变亮，向下拖动时则会使视频画面整体变暗。

（3）拍摄短视频

根据撰写的提纲，拍摄与提纲要点对应的短视频素材，如图3-51所示。在条许允许的情况下，尽量多拍摄一些短视频作为素材，方便后期剪辑使用。需要注意的是，如果我们在拍摄时没有对手机进行固定，则需要在每次拍摄前进行对焦，并设置曝光补偿。

图 3-49　　　　　　　　图 3-50　　　　　　　　图 3-51

3.3.4　课堂实战——使用单反相机拍摄短视频

相对于普及率较高的手机，很多人不会使用单反相机。下面就以某款单反相机为例，介绍使用其拍摄短视频的基本方法。

①取下单反相机的镜头盖，将开关调整至【ON】档，打开电源开关，如图 3-52 所示。

②将单反相机调整到摄像模式，这里将模式开关调整至【摄像】档，如图 3-53 所示。

③观察单反相机的显示屏，根据实际情况调整快门速度、光圈、感光度、色温、分辨率等摄像参数。单反相机不同，设置方法也不同，可以参照说明书或用户手册进行设置。

④根据显示屏显示的画面，对被摄对象进行取景构图，然后按下相机的拍摄键开始拍摄视频，如图 3-54 所示。再次按下拍摄键即可完成拍摄。

图 3-52　　　　　　　　图 3-53　　　　　　　　图 3-54

3.4　项目实训——使用抖音 App 拍摄旅行 Vlog

运用本章所学知识，使用抖音 App 拍摄短视频。下面介绍具体操作。

①点击抖音 App 图标，启动抖音。

②进入抖音主界面，点击下方的【 + 】。

③然后点击【视频】，进入短视频拍摄界面，点击【滤镜】按钮，如图 3-55 所示。

④在【滤镜】栏中点击【风景】按钮，然后在所有风景滤镜中选择【绿妍】选项，如图 3-56 所示。

图 3-55

图 3-56

⑤在【滤镜】栏外的任意位置点击，返回短视频拍摄界面。点击【选择音乐】按钮打开选择音乐的界面。在搜索文本框中输入"鸟叫"，然后点击【搜索】按钮，搜索相关音乐。选择需要的音乐，点击【使用】按钮，如图 3-57 所示。

⑥返回短视频拍摄界面，点击【拍摄】按钮，开始拍摄短视频。由于抖音默认短视频拍摄时间是 15 秒，所以 15 秒过后系统会自动完成拍摄并进入短视频剪辑界面，在该界面可以对短视频进行剪辑。这里不做任何剪辑，直接点击【下一步】按钮，如图 3-58 所示。

⑦打开短视频的发布界面，如图 3-59 所示，设置文案和封面后，点击【发布】按钮即可将短视频发布到抖音平台。

图 3-57

图 3-58

图 3-59

思考与练习

一、单项选择题

1. 短视频的拍摄设备主要有（   ）。

　A. 手机　　　　B. 微单相机　　C. 单反相机　　D. 以上都是

2. 以下能使被摄主体有明显的受光面和背光面，产生清晰的轮廓的是（   ）。

　A. 顺光　　　　B. 侧光　　　　C. 逆光　　　　D. 顶光

3. 摄像机的拍摄方向与被摄主体的运动方向成一定角度，且与被摄主体保持等距离运动的运镜方式是（   ）。

　A. 推镜头　　　B. 拉镜头　　　C. 跟镜头　　　D. 移镜头

二、多项选择题

1. 以下属于稳定设备的有（   ）。

　A. 自拍杆　　　B. 三脚架　　　C. 独脚架　　　D. 稳定器

2. 以下属于单反相机的主要优点的有（   ）。

　A. 能够精确取景　　　　　　B. 镜头选择多

　C. 续航时间长　　　　　　　D. 手控调节功能强

3. 手机拍摄短视频的常用 App 有（   ）。

　A. 相机App　　　　　　　　B. 视频剪辑App

　C. 视频拍摄App　　　　　　D. 短视频平台的官方App

三、判断题

1. 摄影是光影的艺术，灯光造就了影像的立体感，是影像拍摄的基本要素。（   ）

2. 短视频由图像和声音结合而成。（   ）

3. 使用单反相机拍摄短视频时建议选择自动对焦。（   ）

四、技能实训

1. 分别使用远景、全景、中景、近景、特写拍摄一组相同主体的照片。

2. 拍摄一段短视频，要求包含至少 3 种运镜方式。

五、思考题

1. 景别和景深的含义分别是什么？

2. 使用手机拍摄短视频的技巧有哪些？

3. 与手机相比，单反相机／微单相机拥有什么优势？

CHAPTER

04

第 4 章
短视频剪辑基础

学习目标

* 熟悉短视频剪辑的基本流程
* 了解短视频剪辑的原则与注意事项
* 掌握短视频剪辑的手法与技巧
* 掌握剪映的剪辑技巧
* 掌握其他剪辑辅助工具的使用方法

课前思考

通常，一个电影情景至少要拍 7 遍，而最好的一条，可能也只会用 1/5，因为还要拍 coverage（覆盖镜头）、正反打。这么算来，一部 90 分钟的电影至少要拍 90×7×5 = 3150（分钟）。这还不算多机位，特效电影同时用五六个机位都有可能，假设其他机位加起来只有 A 机位的运算时间那么久，那合计也有 6300 分钟。这样看来，一部 105 小时的电影，演员一句台词要说七遍，说完了换各种角度再说几遍，这样无剪辑的"实验电影"，你会去看吗？

剪辑的目的主要是梳理出叙事的逻辑，很多时候拍摄并不按这种逻辑进行，需要后期在庞大而复杂的素材中整理，形成富有节奏、突出主题的叙事模式。这样一来可以提高作品本身的价值，二来也能让观众更好地去理解电影想要表达的东西。所以在运用相同素材的情况下，一个剪辑优秀的作品往往会出类拔萃且引人入胜，吸引更多人关注。

思考题

1. 结合案例内容，分析短视频剪辑的意义。
2. 请举例说明让你印象深刻的短视频剪辑作品。

4.1 短视频剪辑的基本流程

短视频拍摄完成后，需要经过后期的剪辑才能成为优质的短视频。短视频后期剪辑的一般流程如下。

扫一扫
短视频剪辑的
基本流程

4.1.1 采集素材并分析脚本

首先将前期拍摄的影像素材文件保存到计算机（手机）上，或者将素材文件直接复制到计算机（手机）上，然后整理前期拍摄的所有素材文件，并编号归类为原始视频资料，便于剪辑过程中查找和使用。

在归类整理素材文件的同时，需要对准备好的短视频文字脚本和分镜头脚本进行仔细且深入的研究，从主题内容和画面效果两个方面进行深入分析，以便为后续的剪辑工作提供支持。

4.1.2 剪辑视频

审查全部的原始视频资料，从中挑选出内容合适、画质优良的部分，并按照短视频脚本的顺序和编辑方案，将挑选出来的视频资料组接起来，构成完整的短视频。

对粗剪的视频进行反复观看并仔细分析，在此基础上精心调整有关画面，包括剪接点的选择，每个画面的长度处理，整个短视频节奏的把控，音乐、音效的设计，以及被摄主体形象的塑造等，将调整好的画面制作成新的短视频。

4.1.3 合成并输出视频

各个视频片段精剪完成后，为短视频添加字幕、添加解说配音、制作片头片尾等，然后将所有素材合成到视频画面中，制作成最终的短视频作品。

剪辑完成后，短视频创作者可以采用多种形式输出完成的短视频，并上传到短视频平台上。目前，短视频的输出格式大多为 MP4 格式，短视频创作者根据短视频平台要求的格式输出短视频即可。

课堂讨论

你是不是按以上步骤来剪辑短视频的？谈谈你的视频剪辑经验。

4.1.4 课堂实战——关于短视频剪辑步骤的建议

每个人剪辑短视频都有自己的习惯或流程，不一定都需要按照以上步骤来剪辑。请回顾自己剪辑短视频的流程，与以上流程相比，缺少哪些步骤，分析这些步骤有没有必要；或者谈一谈，对于短视频剪辑，你是否有更好的建议。

4.2 短视频剪辑的原则与注意事项

↘ 4.2.1 短视频剪辑应遵循的 3 个原则

短视频剪辑需要遵循一定的原则，具体原则如下。

1. 注重情感表达

一条短视频的质量与其情感表达能力有着密切联系。不只是情感色彩浓厚的短视频要注重情感表达，任何短视频都有其想要传递的情绪。

例如，新闻类短视频虽然以客观的角度传递信息，但字里行间都能透露出新闻隐藏的内在情感。图 4-1 所示为人民日报短视频账号发布的一则短视频，某 5 岁男童从 4 楼跌落，男子飞奔徒手接住，自己却被砸昏。该男子的勇敢与担当，引起了观众的强烈共鸣。简单的一则新闻，在注入情感后，更容易获得观众的喜爱。

所以，剪辑短视频时，需要为原有素材注入更加丰富的情感，同时要注意确认每个镜头的运用、切换是否能够表达情感，是否有利于准确地传达情绪。

2. 精彩的故事情节

故事情节是短视频的重要组成要素，它决定了短视频的内容是否流畅，情节是否有创意，高潮点能否引发用户的好奇心等。不管是什么类型的短视频，都需要以流畅展示故事情节为剪辑原则。

例如，抖音平台中，故事类短视频就较为丰富。"故事"作为一种表达方式，常和其他垂直类别的短视频相结合（如故事＋美食、故事＋旅游、故事＋娱乐），这类短视频往往能取得不错的传播效果。图 4-2 所示即为"故事＋旅游"的短视频案例。

图 4-1　　　　　　　　　　图 4-2

小贴士

从有些视频中可能并不容易挖掘出一个有内容的故事，那么剪辑人员就需要把控内容节奏，删减不能构成故事和推进情节发展的素材，留下有价值的素材，将其组合成精彩的故事。

3. 把控剪辑节奏

短视频时长虽短，但是也是有一定节奏感的。短视频的节奏感就像一首歌的旋律，讲究轻重缓急、抑扬顿挫，这样才能调动观众的情绪。

剪辑节奏主要包括两个方面：一个是内容节奏，另一个是画面节奏。剧情类短视频需要根据剧情发展来确定内容节奏。在剪辑这类短视频时，要当机立断，把冗长、多余的人物对白和画面删除，留下对剧情发展有帮助的精华内容，以免内容过于拖沓。但也不要为了过分追求精简而大篇幅删减镜头，否则容易造成重要内容丢失，导致剧情发展不连贯、太跳跃等。

把控短视频的画面节奏感一般离不开运用背景音乐。在剪辑音乐类短视频时，需要根据音乐的节奏来确定画面的节奏。简单点说，就是在背景音乐的重音处将画面进行剪切过渡（切镜头），使画面做到舒缓有致。在剪辑时要注意使镜头切换的节奏与音乐变换的节奏相同，从而给观众带来视觉与听觉的双重享受。

课堂讨论

找出你喜欢的一条短视频，分析其是否遵循了短视频剪辑的原则。

4.2.2　短视频剪辑的 4 个注意事项

剪辑短视频时应注意以下 4 个事项，以保证剪辑出的短视频流畅。

1. 统一画面重点

扫一扫
短视频剪辑的4个
注意事项

在户外拍摄的短视频，同一场景中的人物可能会有很多，在剪辑时切换画面就会混乱，无法找到重点。遇到这种情况通常可以运用两种方法进行处理。一种是将画面重点始终放在相似位置，就是使被摄主体始终处于画面中的固定位置，这样便于观众快速找到画面重点。另一种是以人物视线为主，当人物作为被摄主体时，可以将人物的眼睛（视线）作为画面重点，在适当范围内剪裁画面，保证观看短视频的观众能够在某个固定的区域内找到重点。

2. 统一运动方向

短视频剪辑，要符合常规逻辑，保证动作的连贯性，让前后镜头及整个故事的表达顺畅且完整。如果两个画面中的被摄主体以相似的速度向相同的方向运动，那么剪辑人员可以将两个镜头衔接在一起。例如，第一个镜头是一个年轻人换好运动服出门，下一个镜头是另一个年轻人向相同方向跑步，这两个画面中的被摄主体都是年轻人，且运动方向相同，那么将两者剪辑在一起时，会形成一个自然的转场，呈现出一气呵成的效果。

3. 结合相似部分

两个截然不同的镜头也能自然地衔接在一起，且采用这样的剪辑方法能够为短视频画面增添不少的美感。其秘诀在于，两个看似不同的画面，实则存在相似的元素，剪辑时需要找到镜头中相关联的元素，将两者完美结合即可。有关联的画面可以是相同的运动轨迹，也可以是相同的元素或道具。无论是运动镜头还是静止镜头，只要剪辑人员能找到相关联的元素，就能将其自然衔接。例如，走下楼梯和进入电梯是两个不同的场景，但两者有着类似的运动状态和逻辑关系，那么剪辑人员就可以将两个镜头结合在一起，使画面看起来连贯而流畅。

4. 统一画面色调

所谓"无调色，不出片"，可见调色对短视频的重要性。对短视频画面进行色调的调整，无形中会增强短视频画面的表现力和感染力，短视频的意境、氛围也会随着调色而改变，给观众带来不一样的视觉感受。调色是短视频剪辑中经常会用到的剪辑技巧，在调整多个视频画面的色调时，要使每个镜头的色彩都与短视频的整体画面风格相符，切勿把色调完全不同的素材拼接在一起。色调转换的原则是人的视觉系统能够快速做出反应，频繁更换色调不仅会使短视频画面看起来突兀，而且会影响观众的观看体验。

↘ 4.2.3　课堂实战——短视频背景音乐的选择

音乐具有很强的表达属性，恰当运用背景音乐，可以提升短视频的情绪表达效果。在为短视频选择背景音乐时，要遵循以下原则。

①根据短视频的情感基调选择。例如，美食类短视频可以选择欢快、愉悦风格的背景音乐；时尚、美妆类短视频可以选择节奏较快的背景音乐，如流行音乐、摇滚音乐等。

②背景音乐要适应短视频的整体节奏。很多短视频的节奏是由背景音乐来带动的，需要根据短视频的整体节奏来寻找合适的背景音乐，短视频的节奏和背景音乐匹配度越高，短视频就越吸引人。

③背景音乐不能喧宾夺主。背景音乐在短视频中起的是衬托作用，应该让观众感觉不到它的存在。

④选择热门音乐。在遵循以上原则的基础上，要想让短视频获得平台更多的推荐，建议选择热门音乐作为背景音乐。例如，可以参考"歌单分类"中的"热歌榜"或"飙升榜"等排行榜中的各类音乐。请任选一个短视频，并为其选择合适的背景音乐。

4.3　短视频剪辑的手法与技巧

短视频行业迅速发展，用户对短视频的品质要求也越来越高，短视频创作者要想制作出优质的短视频，需要掌握常用的剪辑手法和情绪表达技巧。

↘ 4.3.1　短视频剪辑的手法

短视频剪辑并不是简单地把不要的部分剪去，把要用的部分连接起来的单纯作业。短视频剪辑讲究创意性，需要在短时间内达到出人意料的效果。

扫一扫
短视频剪辑的手法

想要达到这种效果，可以使用以下 10 种常用手法。

1．动作顺接

动作顺接剪辑是指在角色运动时镜头仍然切换，比如人物转身时切换镜头。

又如，画面中的人物正在抛掷物品时，或者穿过一道又一道门时，镜头瞬间切换。这样的转场很自然地将人物与下一个镜头中的环境连接起来，营造一种自然、连贯的效果，带给观众非凡的视觉体验。

2．交叉剪辑

交叉剪辑是指将同一时间、不同空间发生的两个或多个场景来回切换的剪辑，利用频繁切换来建立角色之间的联系。

适当采用交叉剪辑手法，可以通过镜头带来的节奏感为短视频画面增加张力，制造悬念，表现人物内心的复杂情感，从而营造紧张的氛围，带动观众情绪。在剪辑惊悚类、悬疑类短视频时，采用这种剪辑手法能够呈现出追逐和揭秘的效果，令短视频具有戏剧化效果。比如在影视作品中大多数打电话的镜头使用了交叉剪辑。

3．跳切剪辑

跳切剪辑是指对同一镜头进行的剪接，属于一种简单的剪辑手法。它与普通的剪辑手法不同，它打破了常规状态下镜头切换时需要遵循的时空和动作连贯的要求，仅以观看角度的连贯性为依据进行较大幅度的跳跃式镜头组接，突出某些必要的内容。

对同一场景下的镜头进行不同视角的跳切剪辑，可用来表示时间的流逝。跳切剪辑也可以用在关键剧情和镜头中，以加重镜头的迫切感。

4．跳跃剪辑

跳跃剪辑是一种效果很突然的剪辑手法，常用于突然打破前一场景的情绪。影视剧中许多表现人物从梦中惊醒的画面，使用的就是这种剪辑手法。电影行业中也有许多热衷于使用跳跃剪辑的导演。例如，某导演在电影《××森林》中就经常用到这种剪辑手法。此外，从一个激烈的大动作画面转至安静缓和的画面，或由安静场景到激烈场景的转换，也可以采用跳跃剪辑。

短视频创作者可以使用这种剪辑手法制作短视频。拍摄简单的生活场景，在为其添加滤镜之后利用跳跃剪辑就可以塑造画面的"高级感"。

5．叠化剪辑

叠化剪辑是指将一个镜头叠加到另一个镜头上，逐渐降低上一个镜头的透明度，从而形成叠化的效果，它是一种比较简单、易操作的剪辑手法。

叠化剪辑跟跳切剪辑一样，也可以表现时间的流逝。除此之外，叠化剪辑还可以展现人物的心理活动或想象，以及过渡至平行时空的剧情等。在一些风景和人物的过渡镜头中使用叠化剪辑，时常会收到令人意想不到的效果。除了不同镜头的叠化外，也可以对同一个镜头进行叠化。

6．匹配剪辑

匹配剪辑是将两个画面中被摄主体动作一致或构图相似的镜头进行连接。匹配剪辑通常被错误地认为是跳切剪辑，但是二者是不同的，它常用于转场。在两个场景中，当被摄主体相同并且画面需要表现两个场景之间的联系时，就可以运用匹配剪辑达到连接两个画面的效果，这会在视觉上给人非常炫酷的奇妙享受。

需要注意的是，匹配剪辑不仅可用于动作的转换，还能用于台词的衔接。例如，两个人在说同一段话时，根据语言顺序匹配剪辑，画面会更加紧凑。

7. 平行剪辑

平行剪辑是指将不同时空或同时间、不同空间发生的两条或多条故事线并列表现。平行剪辑是分头叙述内容的不同部分，但可将其统一呈现在一个完整的结构中。

在影视剧中，平行剪辑常用于高潮片段，每条故事线虽然独立发展，但观众在观看时会不自觉地产生疑问，思考反复交替出现的两条或多条故事线之间有何联系，接下来的剧情将往何处发展。在短视频创作中使用这种剪辑方式，能够将观众带入剧情当中，增强内容的吸引力。

8. 淡入淡出剪辑

淡入淡出剪辑是指镜头从模糊到全黑画面或从全黑画面淡出，是一种简单的剪辑手法。淡入淡出剪辑在影片中常用于转场，一般用于某个情节的开始或者结束。淡入淡出剪辑常见于电影开场，全黑的画面中，音乐或者台词先出现，再慢慢浮现清晰的镜头。

9. 隐藏剪辑

隐藏剪辑是指利用阴影或遮挡物，营造画面仍处于同一镜头的假象的剪辑手法。隐藏剪辑时，剪辑点被藏在镜头的快速摇动里，也就是在镜头运动中转场，或者利用穿过画面或离开画面的物体衔接镜头。例如，人物正在街边从左往右走去，画面中经过一辆汽车，下一个画面就是另一个行走的人物。这就是利用了运动的汽车作为遮挡物，使剪辑点不易被发现，达到一种画面连贯的转换效果。

10. 组合剪辑

剪辑人员需要根据短视频的剧情发展及主题，灵活地运用各种剪辑手法，将它们富有创造力地组合在一起，这会让短视频更有特色，如"交叉剪辑+匹配剪辑""叠化剪辑+跳切剪辑"等组合。

采用不同的组合剪辑会产生不一样的画面效果，可以大大强化画面张力，充实镜头的画面感，让短视频内容呈现更加丰富的效果。

课堂讨论

找出一则使用了组合剪辑的短视频，并指出其运用了哪几种剪辑手法。

↘ 4.3.2 短视频剪辑的技巧

短视频的情绪表达是升华短视频内容的重要方式，下面介绍在短视频剪辑时可以用来表达不同情绪的技巧。

扫一扫
短视频剪辑的技巧

1. 镜头时长

有句话是这样说的：情感是需要时间的。人在表达情绪前需要酝酿，剪辑也需要留足镜头的时长，让观众去慢慢体会镜头中人物的情感。

角色说到情感的关键点时，下一句话不要接得太紧，应该停顿一会儿。比如一段很凄惨的片段，小孩子在号啕大哭，如果镜头来回快速切换，那作为观众还能够体会到小孩子的难过吗？可能一点都感受不到。

2. 画面组接

前面介绍过景别，特写和近景的范围比较小，可用于近距离观察人物。特写更关注人物的局部，更能够表现人物表情的变化，通过表情，观众便能明确地感受到人物的情绪。特写同样是人物心理外化的手段。剪辑时可以在短视频内容的恰当位置插入一组近景或特写镜头，展现人物的情绪。例如，紧握拳头的镜头表示愤怒，嘴角上扬的镜头表示开心等。

除了利用特写和近景，还可以利用不同的组接镜头达到展现情绪的效果。例如，将多个短镜头组接在一起，可以表达开心、愤怒或紧张的情绪；将多个长镜头组接在一起，可以呈现悠闲、无聊或忧伤的情绪；后拉镜头可以舒缓情绪；急推镜头能够强化情绪；等等。采用不同的镜头组接方式，可以让短视频传达不一样的情绪。

3. 音乐搭配

音乐是表达和强化情绪的关键要素，将音乐的节奏融入短视频，可以更好地传递情绪。

（1）卡点法——音画一致

卡点法是指剪辑人员在处理剪辑点时，使画面的切换与音乐的重音、节拍、节奏保持同步或协调，使音画尽量保持一致。例如，抖音常见的卡点类短视频中，画面会随着音乐产生有节奏的变化，声音与画面的切换保持同步，通常能给人带来视觉与听觉的享受。需要注意的是，音乐除了需要与画面保持一致外，还要与短视频的内容和意义保持统一关系。不同风格的音乐带有不同的感情色彩，在难过的时候用悲伤的音乐，在愉快的时候用欢快的音乐，这是比较基础的音乐运用原则。

（2）矛盾法——音画对立

矛盾法是指将带有完全不同情绪的画面和音乐结合在一起，达到出人意料的效果。剪辑人员在为短视频配乐时，可以另辟蹊径，反其道而行之。例如，欢乐的画面配上忧伤的旋律，悲伤的画面搭配明快的节奏。

但一定要注意，该方法具有一定的适用范围，严肃、认真的新闻类短视频则不适用。

4. 色彩变换

色彩能够表达情绪，对于短视频画面而言，色彩的选择相当重要，它是主观情绪的外化表现。

表现压抑、苦闷以及害怕的情绪可以用冷色调，暖色调适合表现神秘的气氛；饱和与对比强烈的色彩让人心情愉悦，亮色可以让画面更具生气；深色可以创造出幽深神秘的氛围，提示故事隐含的戏剧冲突；黑白在怀旧时特别适合，红色会让人感受到亲切、热烈与激情；蓝色会让人感觉冷静、干净，绿色则表示青春、健康与希望。这些基本的色彩认知有助于剪辑人员对画面色彩进行恰当的调整。

小贴士

无论是使用同色系的颜色，还是使用对比色，或结合使用多种色彩，都能表达出不一样的情绪。需要注意的是，切勿频繁剪切不同色系的镜头，以免使观众产生视觉疲劳。

素养课堂

　　虽然生活并无规律可循，但做人要有底线，做事要有原则。一个没有原则和底线的人，最终会什么都得不到，没有自我的约束，人就容易放任自己。不管什么时候，一个人做事都应该考虑后果，要坚守自己的原则和底线，有些事情不要轻易去触碰，一旦触碰可能伤害的就是自己。守住原则和底线，才能更好地生活。

↘ 4.3.3　课堂实战——分析短视频剪辑手法的运用

　　情绪表达是在视频剪辑中常用的一种剪辑手法，如红楼梦中某个画面是林黛玉卧病在床，面色苍白，此时的音乐是贾宝玉娶亲时的乐曲。

　　该剪辑就使用了矛盾法，即音乐和情绪对立的剪辑方法。这种喜庆的乐曲和林黛玉的病入膏肓形成鲜明的对比，更能映衬出林黛玉的悲伤情绪，还有她悲惨的命运。

　　你是否看过使用了情绪表达技巧的短视频？如果看过，试举例分析它表达出了什么样的情绪。

4.4　剪映的剪辑技巧

↘ 4.4.1　认识剪映

扫一扫
认识剪映

　　剪映是由抖音官方推出的一款专业短视频剪辑 App，支持直接在手机上对视频进行剪辑和发布。对多数只想日常拍摄小视频记录生活的用户，剪映是不错的选择。

　　剪映具有强大的视频剪辑功能，其剪辑功能非常完善，支持视频变速与倒放，用户使用它可以在短视频中添加音频、识别字幕、添加贴纸、应用滤镜、使用美颜、进行色度抠图、制作关键帧动画等，而且它提供了丰富的曲库和贴纸资源等。即使是短视频制作的初学用户，也能利用这款工具制作出自己心仪的短视频作品。利用剪映制作的短视频，还能够发布在几乎所有的短视频平台上。

　　剪映支持 iOS（由苹果公司开发的移动操作系统，支持 iPad、iPhone、iPod touch 等移动设备）和 Android（中文名为安卓，是一种基于 Linux 内核的自由且开放源代码的操作系统，广泛应用于智能手机、平板电脑、电视、数码相机和智能手表等多种智能设备）。剪映集合了同类 App 的很多优点，功能齐全且操作灵活，其主要特点如下。

　　①操作方便。剪映中的时间线支持双指放大/缩小的操作，用户在手机上操作十分方便。

　　②模板较多。剪映中的模板比较多，而且更新也很快，包括卡点、日常碎片、萌娃、情感、玩法、纪念日、情侣、美食和旅行等多种类型的模板，而且制作非常简单，适合新手操作，如图 4-3 所示。

　　③音乐丰富。剪映提供了抖音的热门歌曲、Vlog 配乐等大量各种风格的音乐，用户可以在试听之后选择使用，如图 4-4 所示。内容创作者还可以为视频添加合适的音效、提取其他视频

中的背景音乐或录制旁白解说，还可以调整插入音乐的音量和效果。

④自动踩点。剪映具备自动踩点功能，可以根据音乐的节拍和旋律自动踩点，用户可根据标记来剪辑视频。

⑤功能齐全。剪映具备美颜、特效、滤镜、调色和贴纸等辅助工具。这些辅助工具不但样式很多，而且效果也不错，可以让剪辑后的短视频变得与众不同。

⑥自动字幕。剪映具有语音自动转字幕功能，并且该功能免费。字幕中的文字可以设置样式、动画等。

图 4-3

图 4-4

4.4.2　剪映的功能介绍

剪映的功能十分齐全，下面介绍一些常用的功能。

扫一扫
剪映的功能介绍

1. 剪辑

剪辑功能是剪映的主要功能，其操作方法是在编辑主界面下方工具栏中点击【剪辑】按钮，如图 4-5 所示；或者在编辑窗格中点击需要编辑的视频素材，展开【剪辑】栏，如图 4-6 所示。下面介绍【剪辑】栏中包含的主要功能。

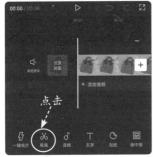

图 4-5

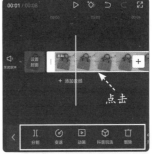

图 4-6

- **分割**。点击【分割】按钮，将以播放指针为分割线的视频素材分割为前后两部分，如图 4-7 所示。
- **变速**。变速就是改变当前视频素材的速度，其中包括常规变速和曲线变速两种方式。常规变速是根据原速度的 0.1 倍到 100 倍进行变速，如图 4-8 所示；曲线变速包括自定义变速方式和系统提供的变速方式，如图 4-9 所示。
- **音量**。点击【音量】按钮，可以在展开的【音量】栏中调节当前视频素材音量，如图 4-10 所示。另外，点击编辑窗格左侧的【关闭原声】按钮，可以关闭视频素材的所有声音。
- **动画**。点击【动画】按钮，将展开【动画】栏，其中包括【入场动画】【出场动画】【组合动画】。例如，点击【入场动画】按钮，将展开【入场动画】栏，在其中选择一种动画样式，即可将其应用到短视频中，如图 4-11 所示。

- 删除。点击【删除】按钮，可以删除当前选择的视频素材。
- 编辑。点击【编辑】按钮，将展开【编辑】栏，其中包括【镜像】【旋转】【裁剪】,如图 4-12
  所示。点击【镜像】按钮，将视频素材进行镜像翻转；点击【旋转】按钮，将视频素材
  按照顺时针方向旋转 90°；点击【裁剪】按钮，将展开【裁剪】栏，在其中任意选择一
  种比例，即可按该比例手动裁剪视频素材，如图 4-13 所示。
- 滤镜。点击【滤镜】按钮，将展开【滤镜】栏，在其中可以选择一种滤镜样式应用到视
  频素材中，如图 4-14 所示。
- 调节。点击【调节】按钮，将展开【调节】栏，在其中点击对应的按钮，拖动下方滑块，
  即可调节视频素材的各个性能参数,包括【亮度】【对比度】【饱和度】【光感】【锐化】等,
  如图 4-15 所示。

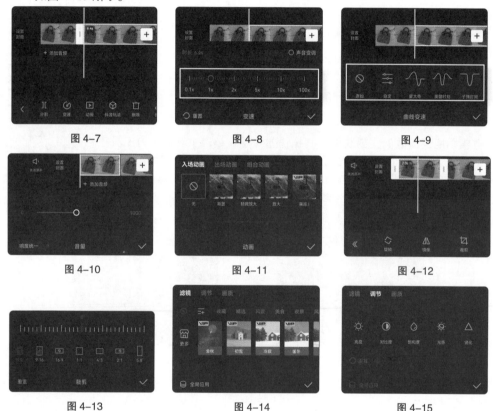

图 4-7   图 4-8   图 4-9

图 4-10   图 4-11   图 4-12

图 4-13   图 4-14   图 4-15

- 不透明度。点击【不透明度】按钮，将展开【不透明度】栏，拖动滑块即可调整视频素
  材的不透明度，如图 4-16 所示。
- 美颜。点击【美颜】按钮，将展开【美颜】栏，点击对应的按钮，并拖动下方的滑块即
  可对视频素材中的人物进行相应的美颜，如图 4-17 所示。
- 变声。点击【变声】按钮，将展开【变声】栏，可以将【萝莉】【大叔】【女生】【男生】
  等声音特效应用到视频素材中，如图 4-18 所示。

图 4-16

图 4-17

图 4-18

- 降噪。点击【降噪】按钮，将展开【降噪】栏，可以开启降噪功能。
- 复制。点击【复制】按钮，复制当前的视频素材，并粘贴至原视频的前面。
- 倒放。点击【倒放】按钮,可将当前的视频素材从尾到头重新播放,再次点击【倒放】按钮,将恢复原始播放顺序。

 知识拓展

点击两段视频素材中间的转场按钮【1】，如图 4-19 所示，可以设置转场效果。

图 4-19

2. 音频

在剪映的编辑主界面下方工具栏中点击【音频】按钮，或者在编辑窗格中点击【添加音频】按钮，即可展开【音频】栏，如图 4-20 所示，其中主要包含以下 5 项内容。

图 4-20

- 音乐。点击【音乐】按钮，将进入【添加音乐】界面，在其中可以试听、收藏和下载相关音乐，并将其添加到视频素材中，如图 4-21 所示，也可以搜索或导入音乐并应用。
- 音效。点击【音效】按钮，将展开【音效】栏，在其中可以收藏、下载和应用相关的音效，如图 4-22 所示。
- 提取音乐。点击【提取音乐】按钮，将打开本地视频文件夹，在其中选择一个视频文件，就能将视频中的音频提取出来作为当前视频素材的音乐使用。
- 抖音收藏。点击【抖音收藏】按钮，可以将在抖音中收藏的音乐应用到视频素材中。
- 录音。点击【录音】按钮，将展开【录音】栏，按住录音按钮即可录制声音，如图 4-23 所示。

图 4-21

图 4-22

图 4-23

3. 文字

在剪映的编辑主界面下方工具栏中点击【文字】按钮，即可展
开【文字】栏，如图 4-24 所示，其中主要包含以下 4 项内容。

图 4-24

- **新建文本**。点击【新建文本】按钮，将展开【文本】栏，
  同时在视频素材中添加文本框，在其中输入文字并设置文
  字的样式，文字样式包括【描边】【背景】【阴影】等，如图 4-25 所示。另外，在视频
  素材中点击已添加的文字，还可以调整文字的大小、位置、方向等。
- **识别字幕**。点击【识别字幕】按钮，系统将自动识别视频素材中的字幕，如图 4-26 所示。
- **识别歌词**。点击【识别歌词】按钮，系统将自动识别添加的音乐中的歌词。
- **添加贴纸**。点击【添加贴纸】按钮，将展开【添加贴纸】栏，在其中可以选择不同样式
  的贴纸应用到视频素材中，如图 4-27 所示。

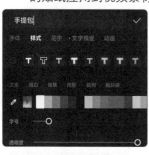

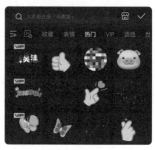

图 4-25   图 4-26   图 4-27

4. 特效

在剪映的编辑主界面下方工具栏中点击【特效】按钮，即可展开【特效】栏，其中包括【画
面特效】和【人物特效】，如图 4-28 所示。点击【画面特效】，即可进入画面特效界面，如图 4-29
所示；点击【人物特效】，即可进入人物特效界面，如图 4-30 所示。选择一种特效即可将其应
用到当前的视频素材中。

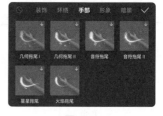

图 4-28   图 4-29   图 4-30

5. 背景

在剪映的编辑主界面下方工具栏中点击【背景】按钮，即可展
开【背景】栏，如图 4-31 所示。

图 4-31

【背景】栏中包含以下 3 项内容。

- **画布颜色**。点击【画布颜色】按钮，将展开【画布颜色】栏，
  在其中可以选择一种颜色作为短视频背景的颜色，如图 4-32 所示。

- **画布样式**。点击【画布样式】按钮，将展开【画布样式】栏，在其中可以选择一张图片作为短视频背景的样式，如图 4-33 所示。
- **画布模糊**。点击【画布模糊】按钮，将展开【画布模糊】栏，可以选择短视频背景的模糊程度，如图 4-34 所示。

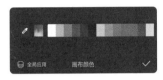
图 4-32

图 4-33

图 4-34

↘ 4.4.3 课堂实战——使用剪映 App 剪辑卡点短视频

扫一扫
课堂实战——使用
剪映App剪辑卡点短
视频

卡点短视频是抖音 App 中比较热门的短视频类型之一，制作卡点短视频的关键在于将图片或者视频的切换点对齐音乐的节拍点。下面介绍在剪映 App 中制作简单的卡点短视频的方法。

①点击剪映 App，启动剪映。进入剪映主界面，点击【开始创作】。

②进入选择视频界面，这里选择需要的图片素材（案例素材 \ 第 4 章 \4.4.3 课堂实战素材），选中【高清】单选项，点击【添加】按钮，如图 4-35 所示。

③进入剪辑视频的界面，在下方工具栏中点击【比例】按钮，在展开的比例选项中选择【9：16】，如图 4-36 所示。

④常见的卡点短视频背景颜色为黑色或白色，这里设置为白色。点击下方工具栏中的【背景】按钮，然后点击【画布颜色】选项，选择白色，点击【全局应用】按钮，如图 4-37 所示。

图 4-35

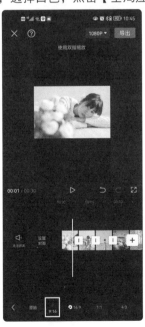
图 4-36

图 4-37

⑤点击下方工具栏中的【音频】按钮，然后点击【音乐】按钮，进入【添加音乐】界面，选择【卡点】，如图4-38所示。之后选择一首合适的卡点音乐，点击【使用】即可。

⑥选中音频轨道，点击下方工具栏中的【踩点】按钮，打开【自动踩点】功能，选择【踩节拍I】，点击【√】按钮，如图4-39所示。

⑦选中轨道中的第一张图片，拖动图片边缘的白色裁剪框，对齐设置好的音乐节拍点，如图4-40所示。按同样的方法对每一个节拍点进行同样的操作，最后删除多余的音频。

⑧选中轨道中的第一张图片素材，点击下方工具栏中的【动画】按钮，在【组合动画】栏中选择【晃动旋出】动画效果，点击【√】按钮，如图4-41所示。按同样的方法对每一张图片进行同样的操作。

图4-38

图4-39

图4-40

图4-41

图4-42

图4-43

⑨点击下方工具栏中的【特效】按钮，然后点击【画面特效】按钮，选择【蹦迪光】，点击【√】按钮，如图4-42所示。

⑩拖动特效边缘的白色裁剪框，将特效时长拉至与图片时长一致，如图4-43所示。

⑪点击右上角的【1080P】按钮，设置视频的分辨率和帧率，如图4-44所示。

⑫点击【导出】按钮，即可完成卡点短视频的制作（效果见：案例素材\第4章\卡点短视频—最终效果.mp4）。用户可直接分享视频至抖音或西瓜视频，如图4-45所示。返回剪映主界面，在下方【本地草稿】中即可看到剪辑文件，如图4-46所示。

图4-44

图4-45

图4-46

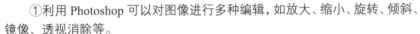

4.5 剪辑辅助工具介绍

在短视频剪辑的过程中，不仅需要处理视频素材，有时还需要对图片进行处理，如对图片进行裁剪、美化和拼接等操作，而这些操作都可以利用专业的图片编辑软件来完成，这类软件被称为剪辑辅助软件。下面介绍常用的几款剪辑辅助软件。

↘ 4.5.1 Photoshop

Photoshop（简称 PS）是一款专业的图像处理软件，在短视频制作中应用广泛，包括短视频的封面与结尾制作、图片处理和海报设计等。Photoshop 主要有以下几个优势。

扫一扫
剪辑辅助工具介绍

①利用 Photoshop 可以对图像进行多种编辑，如放大、缩小、旋转、倾斜、镜像、透视消除等。

② Photoshop 提供绘图工具，短视频创作者可以使用这些工具将图像素材和原创手绘图像完美融合。

③ Photoshop 提供特效制作功能，包括图像特效创意和特效字的制作等。

④ Photoshop 提供校色调色功能，短视频创作者可以对图像中的颜色进行明暗、色偏的调整和校正操作，把图片原来的颜色调整为任何一种需要的颜色。

⑤ Photoshop 是 Adobe 公司开发的软件，可以与 Premiere（同样是 Adobe 公司开发的专业视频剪辑软件）配合使用，是短视频剪辑中非常实用的辅助软件。

图 4-47 所示为 Photoshop 的操作界面。

图 4-47

课堂讨论

你在剪辑短视频时用过 Photoshop 吗？尝试使用 Photoshop 编辑一张图片。

↘ 4.5.2　PhotoZoom

　　PhotoZoom 是一款对数码图片进行放大的软件。通常的软件对数码图片进行放大时，总会降低图片的品质，而这款软件使用了 S-Spline 技术（一种申请过专利的，拥有自动调节、高级的插值算法的技术），可以尽可能地提高放大图片的品质。PhotoZoom 最大的特色是放大图片而不产生锯齿，不会失真。其操作界面如图 4-48 所示。

　　在剪辑图片素材或设计短视频封面时，PhotoZoom 是不错的选择。

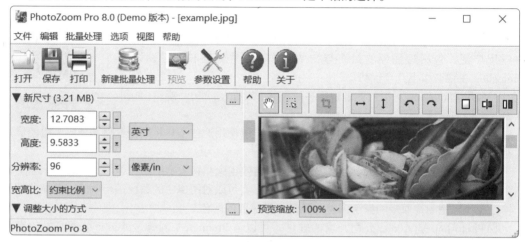

图 4-48

↘ 4.5.3　美图秀秀

　　美图秀秀是一款生活办公都能用到的图片处理软件，功能多、操作简单，具有批量处理、图片美化、抠图拼图、消除笔、人像美容、添加文字、贴纸装饰、海报设计等特色功能，短视频创作者利用美图秀秀能够对图片进行多种操作。其图片编辑界面如图 4-49 所示。

图 4-49

↘ 4.5.4　课堂实战——使用美图秀秀制作短视频封面

下面使用美图秀秀为美食类短视频制作封面，主要运用了美图秀秀的海报拼图和文字功能。具体方法是将两张素材图片拼接成海报图片，为其添加文字标题，并设置为短视频封面的比例。具体操作步骤如下。

扫一扫
课堂实战——使用美图秀秀制作短视频封面

①在 PC 端下载并启动美图秀秀，单击主界面中的【拼图】，进入【拼图】界面，如图 4-50 所示。在左侧工具栏中单击【海报】，然后选择一种合适的版式，单击右侧的【打开图片】按钮，在【打开图片】对话框中选择需要的图片素材。

②插入图片后，单击界面左上角【拼图】下拉按钮，选择【图片编辑】，如图 4-51 所示。进入【图片编辑】界面，单击【调整尺寸】下拉按钮，单击【取消锁定】按钮，将宽度设置为 "720"，高度设置为 "1280"，单击【应用】按钮，如图 4-52 所示。

图 4-50

图 4-51

图 4-52

③在左侧工具栏中单击【文字】，单击筛选按钮，选择【美食标注】，选择需要的文字模板，添加到海报中，如图 4-53 所示。选中文字标注，可以调整其大小和方向，在下方文本框中还可更改文字内容，如图 4-54 所示。

④单击右上角的【保存】按钮，在【保存图片】对话框中设置好保存路径和文件名称与格式等，单击【保存】按钮即可，如图 4-55 所示。

图 4-53

图 4-54

图 4-55

4.6 项目实训——分身短视频制作

下面使用剪映 App 来剪辑分身短视频，主要用到的功能有画中画和蒙版。具体操作步骤如下。

①录制一段视频素材，注意一定不要移动相机或手机，控制好距离，动作之间尽量不要重叠。

②打开剪映 App，点击【开始创作】按钮，选择要导入的视频素材，选中【高清】单选项，然后点击【添加】按钮，如图 4-56 所示。

③将视频素材导入视频轨道后，将时间线移至 7s 处，并将其选中，然后点击下方工具栏中的【分割】按钮，如图 4-57 所示。

④分割完成后，选中第二段视频素材，在下方工具栏找到并点击【切画中画】，如图 4-58 所示。

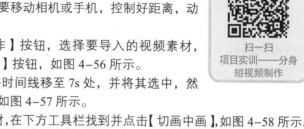

扫一扫
项目实训——分身
短视频制作

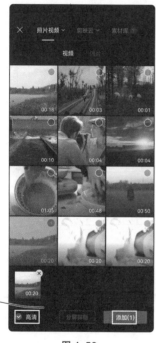

图 4-56

图 4-57

图 4-58

⑤第二段视频则会跳转到下面的视频轨道，长按第二段视频素材，将其拖至与第一段视频素材上下对齐的位置，如图 4-59 所示。

⑥选中第二段视频素材，在下方工具栏找到并点击【蒙版】，如图 4-60 所示。

⑦在弹出的蒙版选项中，选择【线性】，如图 4-61 所示。

⑧用两指旋转黄色线条，旋转 90°，并移动黄色线条位置，使人物身体露出一半，如图 4-62 所示。需要注意的是，如果旋转方向反了，人像可能消失，此时点击左下角的【反转】选项或者将黄色线条旋转 180° 即可。

⑨按住黄色线条右侧的箭头按钮左右拖动，可以设置人像的透明度，此处按住该按钮向右拖动，提高黄色线条右侧的透明度，如图 4-63 所示。

⑩蒙版调整完成后，选中第二段视频素材，向左拖动右边的白色裁剪框，直至其与第一段视频素材对齐，如图 4-64 所示。

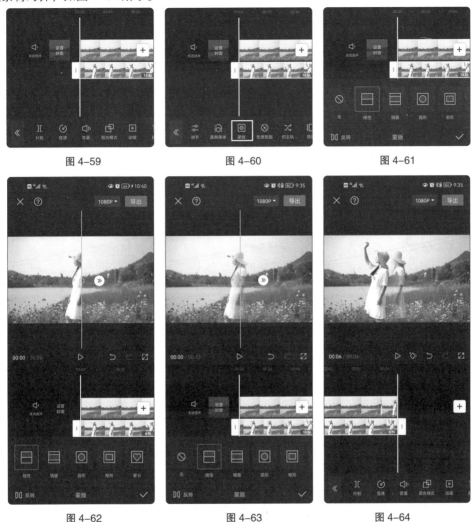

图 4-59　　　　　　　　　图 4-60　　　　　　　　　图 4-61

图 4-62　　　　　　　　　图 4-63　　　　　　　　　图 4-64

⑪预览视频即可看到人物分身的效果，如图 4-65 所示。完成后导出视频即可。

图 4-65

思考与练习

一、单项选择题

1. 剪辑时可以在短视频的恰当位置插入（　　　）镜头，展现人物的情绪。

　　A. 全景　　　　　　　　B. 远景　　　　　C. 特写　　　　　D. 中景

2. 将一个镜头叠加到另一个镜头上，逐渐降低上一个镜头的透明度，从而形成叠化的效果的剪辑方式是（　　　）。

　　A. 隐藏剪辑　　　　　　B. 叠化剪辑　　　C. 交叉剪辑　　　D. 淡入淡出剪辑

3. 色彩的选择很重要，以下能够表示青春、健康与希望的颜色是（　　　）。

　　A. 蓝色　　　　　　　　B. 白色　　　　　C. 红色　　　　　D. 绿色

二、多项选择题

1. 以下属于短视频剪辑流程的有（　　　）。

　　A. 采集和复制素材　　　B. 视频粗剪和精剪

　　C. 研究和分析脚本　　　D. 视频合成

2. 以下可以保证剪辑出的短视频更流畅的操作有（　　　）。

　　A. 统一画面重点　　　　B. 统一运动方向

　　C. 统一画面色调　　　　D. 结合相似部分

3. 以下属于短视频剪辑辅助工具的有（　　　）。

　　A. Photoshop　　　　　　B. 剪映

　　C. 美图秀秀　　　　　　D. PhotoZoom

三、判断题

1. 跳切剪辑是指将同一时间、不同空间发生的两个或多个场景来回切换。（　　　）

2. 故事情节是短视频的重要组成要素，它决定了短视频的内容是否流畅。（　　　）

3. PhotoZoom 是一款对数码图片进行放大的软件。（　　　）

四、技能实训

1. 拍摄一组户外游玩的照片，选择合适的音乐，制作一则音乐卡点短视频。

2. 利用美图秀秀，自选主题，设计一张短视频封面。

五、思考题

1. 短视频剪辑需要遵循哪些原则？

2. 在为短视频选择背景音乐时，需要遵循哪些原则？

3. 举例说明色彩是如何表达情绪的。

05

第 5 章
Premiere Pro 剪辑

学习目标

* 了解 Premiere Pro
* 熟悉 Premiere Pro 的工作区
* 掌握视频剪辑的基本操作
* 掌握视频效果与转场的设置技巧
* 掌握文本与音频的编辑方法

课前思考

剪辑是由"剪"和"辑"两部分组成的。在胶片时代,"剪"是真的用剪刀来剪,对每一段录像都要做标记。直到计算机加入了电影的制作,电影剪辑才开始变得不那么费力。在数字化时代,电影剪辑不单单是在原有的基础上把录下来的东西剪成碎片再整合在一起,剪辑已经艺术化,是对电影的二次创作。

我们现在常说的电影特效,其实就是剪辑的一种延伸。电影剪辑是对电影的二次创作,甚至可以完全颠覆故事情节。随着时代的发展,很多原本电影中夸张的和没有的情节,都可以通过剪辑的手段来呈现,这也体现了剪辑师的创造力。

思考题

1. 请谈谈你对剪辑有哪些新的认识。
2. 结合案例内容,谈谈你对剪辑师职业的理解。

5.1 认识 Premiere Pro

Premiere Pro（简称 Premiere）是由 Adobe 公司基于 Mac 和 Windows 操作系统开发的一款非线性编辑软件，被广泛应用于电视节目制作、广告制作和电影制作等领域，在短视频的制作后期应用也十分广泛。

扫一扫
认识Premiere Pro

Premiere 拥有强大的视频编辑能力和灵活性，易学且高效，可以充分发挥使用者的创造能力。初学者在启动 Premiere 之后，可能会对操作界面或面板感到束手无策，本节将对其操作界面、工作区及菜单命令进行详细的讲解。

↘ 5.1.1 Premiere Pro 的操作界面

Premiere 的操作界面主要由标题栏、菜单栏及工作区构成，如图 5-1 所示。标题栏和菜单栏在界面的最上方，标题栏显示 Premiere 的版本以及项目文件存储的具体路径。使用者的操作都可以通过选择菜单栏中的选项来实现。菜单栏主要由"文件""编辑""剪辑""序列""标记""图形""视图""窗口""帮助"几个部分组成。

图 5-1

↘ 5.1.2 Premiere Pro 的工作区

在 Premiere 中，各个窗口和面板的组合称为工作区布局。用户可以根据需要选择不同的工作区布局，如图 5-2 所示。

图 5-2

Premiere 默认的工作区为【编辑】工作区，整个工作区的布局如图 5-3 所示。【编辑】工作区布局包含【项目】面板、【工具】面板、【时间轴】面板、【节目】面板、控制面板组（【源】【效果控件】【音频剪辑混合器】等）以及【主音频仪表】面板。

在 Premiere 工作区中单击某个面板，面板就会显示蓝色高亮的边框，表示当前面板处于活动状态。当显示多个面板时，只会有一个面板处于活动状态。

图 5-3

下面介绍【编辑】工作区中各个面板的主要功能。

1.【项目】面板

【项目】面板主要用于导入、存放和管理剪辑素材，素材类型可以是视频、音频、图片等。

单击【项目】面板左下方的【图标视图】按钮，切换到图标视图，可以预览素材信息，如图 5-4 所示。拖动素材缩略图下方的播放头，可以向前或向后播放视频。如果素材很多，可以通过素材箱来组织视频素材。素材箱与文件夹类似，可以将一个素材箱放到另一个素材箱中，以方便对素材进行高级管理。单击【项目】面板右下方的【新建素材箱】按钮，即可新建一个素材箱，如图 5-4 所示。单击【项目】面板右下方的【新建项】按钮，在弹出的菜单中还可以创建"序列""调整图层""黑场视频""字幕""颜色遮罩""透明视频"等，如图 5-5 所示。

图 5-4   图 5-5

2. 【源】面板

双击【项目】面板中的视频素材，可以在【源】面板中预览视频素材，如图 5-6 所示。单击面板下方工具栏中的按钮，可以对视频素材执行相关操作，如标记入点、标记出点、转到入点、后退一帧、播放 / 停止、前进一帧、转到出点、插入、覆盖、导出帧等。

单击面板右下方的【按钮编辑器】按钮，在弹出的面板中可以管理工具栏中的按钮。若要在工具栏中添加按钮，可以将按钮从面板拖入工具栏；若要清除工具栏中的按钮，可以将按钮拖出工具栏。按钮编辑器如图 5-7 所示。在【源】面板中右击，在弹出的快捷菜单中也可以对视频素材进行相关操作。

图 5-6   图 5-7

3. 【时间轴】面板

【时间轴】面板用于剪辑视频，在视频剪辑过程中大部分的工作是在【时间轴】面板中完成的。剪辑轨道分为视频轨道和音频轨道，视频轨道的表示方式是 V1、V2、V3 等，音频轨道的表示方式是 A1、A2、A3 等，如图 5-8 所示。

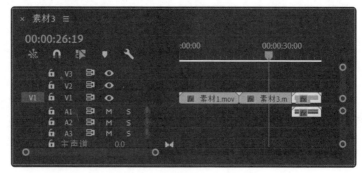

图 5-8

用户可以添加多轨视频，如果需要增加轨道数量，可以在轨道的空白处右击，在弹出的快捷菜单中选择【添加轨道】选项，在弹出的【添加轨道】对话框中设置添加的轨道，如图5-9所示。音频轨道的添加与视频轨道的添加方式相同，当音频轨道中有多条音频时，声音将同时播放。

4．【节目】面板

【节目】面板主要用来预览【时间轴】面板中正在编辑的素材，也是最终输出视频效果的预览窗口。该面板左上角显示当前序列的名称，单击面板下方工具栏中的按钮，可以对视频素材执行相关操作（同【源】面板操作），如图5-10所示。

图 5-9

图 5-10

5．【工具】面板

【工具】面板是 Premiere 工作区的重要组成部分，选中面板中的某个工具即可使用相应的编辑功能，如图5-11所示。

①选择工具。该工具用于选择时间轴轨道上的素材。选择该工具，按住【Shift】键可以选择多个素材。

②向前选择轨道工具。该工具用于选择箭头方向上的全部素材，调整整体内容的位置。需要注意的是，该工具右下角有一个小三角，表示其有隐藏功能，按住【Alt】键的同时单击该小三角即可切换其他工具（向后选择轨道工具），下同。

③波纹编辑工具。选择该工具，可以调节素材的长度。将素材的长度缩短或拉长时，该素材后方的所有素材会自动跟进。按住【Alt】键的同时单击该工具，可以切换到【滚动编辑工具】和【比率拉伸工具】（相应内容见5.2.2和5.2.3）。

④剃刀工具。选择该工具，在素材片段上单击，可以将素材片段切割成两部分。选择该工具，按住【Shift】键可以裁剪多个轨道中的素材。

⑤外滑工具。选择该工具，按住鼠标左键，拖动时间线轨道上的某个片段，可以同时改变该片段的出点和入点，而片段长度不变（前提是出点后和入点前有必要的余量可供调节）。同时，相邻片段的出入点及影片长度不变。内滑工具和外滑工具正好相反。

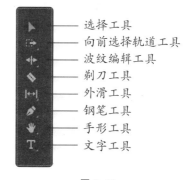

- 选择工具
- 向前选择轨道工具
- 波纹编辑工具
- 剃刀工具
- 外滑工具
- 钢笔工具
- 手形工具
- 文字工具

图 5-11

⑥钢笔工具。该工具可用以调节关键帧，从而满足编辑需求。

⑦手形工具。选择该工具，在时间线轨道中拖动，可以进行平移，方便用户查看时间线上的素材内容。

⑧文字工具。使用该工具可以为视频添加文字内容。

5.1.3 课堂实战——自由调整 Premiere Pro 工作区

图 5-12

用户可以自由调整工作区各窗口和面板的位置和大小，以适应不同的操作习惯和项目需求。请根据自己的使用习惯，调整工作区布局。

如【编辑】工作区布局经过用户手动调整或工作区显示不正常时，想要恢复原样，可以在窗口上方右击【编辑】标签，在弹出的快捷菜单中选择【重置为已保存的布局】选项，如图 5-12 所示。也可以单击菜单栏中的【窗口】，选择【工作区】→【重置为已保存的布局】选项来恢复工作区的原样。

 知识拓展

在【源】面板或【节目】面板中预览视频素材时，按【←】或【→】方向键，可以后退或前进一帧；按【L】键，可以播放视频；按【K】键，可以暂停播放；按【J】键，可以倒放视频；多次按【L】键或【J】键，可以对视频执行快进或快退操作；按空格键，可以播放或暂停播放视频。

5.2 导入并修剪视频素材

在 Premiere 中剪辑短视频，包括新建项目并导入短视频素材、创建序列、短视频片段的修剪与调整、视频调速、添加效果与转场、添加字幕、编辑音频，以及导出视频等。

5.2.1 新建项目并导入短视频素材

首次启动 Premiere 时，会进入【主页】界面。如果之前在 Premiere 中打开过项目文件，将会在【主页】界面的中间显示一个列表，显示之前打开过的项目文件，如图 5-13 所示。只要单击项目名称，即可打开对应的项目文件。当然，选择界面左侧的选项，也可以打开存储在本地的项目，或者云同步的项目。下面重点介绍如何新建项目。

扫一扫
新建项目并导入短视频素材

1. 新建项目

①在【主页】对话框中单击【新建项目】按钮，如图 5-13 所示。

②弹出【新建项目】对话框，在【名称】文本框中输入"旅行日记"，单击【浏览】按钮，设置项目的保存位置，其余选项默认不变，单击【确定】按钮，如图 5-14 所示。

图 5-13

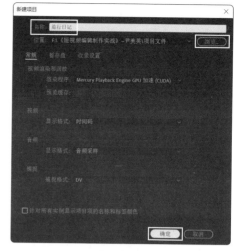

图 5-14

2. 导入短视频素材

通常只有导入项目的素材才能在短视频剪辑或制作的过程中使用，素材类型可以是原始视频、图片或音频等。导入短视频素材的具体操作如下。

①在【项目】面板的空白处双击或右击后在快捷菜单中选择【导入】选项，如图 5-15 所示。

②弹出【导入】对话框，选择需要导入的素材文件，单击【打开】按钮，如图 5-16 所示，即可将素材导入【项目】面板。

图 5-15

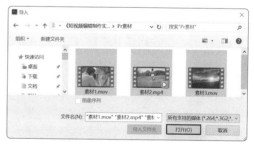

图 5-16

↘ 5.2.2 创建序列

在剪辑前，需要创建序列。序列相当于一个容器，添加到序列内的素材会形成一段连续播放的视频。创建序列的具体操作如下。

①单击【项目】面板右下角的【新建项】按钮，在弹出的列表中选择【序列】选项，如图 5-17 所示。

②弹出【新建序列】对话框，选择【宽屏 32kHz】选项，在【序列名称】文本框中输入序列名称"片段 1"，单击【确定】按钮，如图 5-18 所示。

图 5-17　　　　　　　　　　　　　　　　图 5-18

 小贴士

　　用户也可以直接将【项目】面板中的素材拖至【时间轴】面板中，从而自动创建序列。此时，新建序列的名字与素材名字相同，在【项目】面板中右击序列名，从快捷菜单中选择【重命名】选项，或双击序列名，即可对其重命名。

5.2.3　短视频片段的修剪与调整

扫一扫
短视频片段的修剪
与调整

　　在剪辑短视频的时候，需要做的一项重要工作就是对短视频素材进行修剪与调整。主要有两种方法：一种是通过入点和出点选择需要的视频素材；另一种是通过修剪工具进行调整，修剪工具包括剃刀工具、波纹编辑工具和滚动编辑工具等。下面介绍具体操作。

1. 标记入点和出点

　　①打开项目文件"旅行日记"，在【项目】面板中双击视频素材"素材1"，在【源】面板中预览素材。将播放指示器移至剪辑的开始位置，这里选择 02:03，然后单击【标记入点】按钮，标记剪辑的入点，如图 5-19 所示。

　　②按照上述操作，在 15:02 处标记出点，然后拖动【仅拖动视频】按钮到【时间轴】面板中，如图 5-20 所示。

 小贴士

　　拖动视频时，有些情况下会出现"剪辑不匹配警告"，这是由于素材的分辨率、帧率等信息与序列预设不一致，选择更改序列设置或保持现有设置，视具体情况而定。

图 5-19 图 5-20

2. 使用修剪工具

除了在【源】面板中对视频进行修剪,还可以直接将视频素材拖至【时间轴】面板中,使用【工具】面板中的修剪工具进行修剪。

①使用剃刀工具。将【项目】面板中的"素材2"拖至【时间轴】面板中,按空格键开始播放,并在【节目】面板中预览视频。当播放到要裁剪的位置时,按空格键停止播放。单击【工具】面板中的剃刀工具,在时间线处单击即可进行裁剪,如图5-21所示。

②删除片段。使用剃刀工具分割之后,单击【工具】面板中的选择工具,选中不需要的视频片段,按【Delete】键删除。删除之后两段视频之间会有空隙,选中空隙,再按一次【Delete】键即可删除。如果不想出现空隙,在删除视频片段时,直接在视频片段上右击,在弹出的快捷菜单中选择【波纹删除】选项即可,如图5-22所示。

图 5-21 图 5-22

③使用波纹编辑工具。将【项目】面板中的"素材3"拖至【时间轴】面板中,单击【工具】面板中的波纹编辑工具,将指针移至"素材1"的出点,按住鼠标左键拖动,即可进行波纹修剪,如图5-23所示。使用波纹修剪仅改变后接剪辑编辑点的位置,不会改变后接剪辑的入点和出点的位置(即素材2和素材3的入点和出点都不变),如图5-24所示。

图 5-23 图 5-24

④使用滚动编辑工具。按住【Alt】键的同时单击【工具】面板中的波纹编辑工具，切换到滚动编辑工具，然后将指针移至素材 1 的出点和素材 2 的入点之间，按住鼠标左键左右拖动，即可进行滚动修剪，如图 5-25 所示。使用滚动编辑工具可以同时修剪一个素材（素材 1）的出点和另一个素材（素材 2）的入点，并保持两个素材组合的持续时间不变，且不会对两个素材之外的其他素材（素材 3）造成影响，如图 5-26 所示。

图 5-25

图 5-26

 小贴士

Premiere 中的素材实际上是媒体文件的链接，而不是媒体文件本身。在 Premiere 中对媒体文件修改名称、进行裁剪等操作，不会对媒体文件本身造成影响。

5.2.4 视频调速

在剪辑短视频时，经常需要对短视频进行调速（加速或减速）处理，主要方法有两种：使用对话框和使用比率拉伸工具。具体操作如下。

扫一扫
视频调速

1. 使用对话框

①新建项目"甜品旋转视频调速"，导入素材"甜品旋转"（案例素材\第5 章\5.2.4\ 甜品旋转），然后将【项目】面板中的视频素材拖至【时间轴】面板中，如图 5-27 所示。

②在【时间轴】面板里选中视频素材，右击后在弹出的快捷菜单中选择【速度 / 持续时间】选项，如图 5-28 所示。在弹出的【剪辑速度 / 持续时间】对话框中，【速度】的默认值为 100%，【持续时间】为 16:09，如图 5-29 所示。将【速度】调整为 150%，可以看到视频时长变短了，【持续时间】为 10:26，单击【确定】按钮，如图 5-30 所示。

图 5-27

图 5-28

图 5-29

图 5-30

③设置完成后，在【节目】面板中即可预览调速后的视频，本案例中视频速度提高为原来的 1.5 倍。

使用【剪辑速度/持续时间】对话框来调整视频速度，可以设置精确的数值，但是调速后的视频只能在设置完成后观看。

小贴士

【剪辑速度/持续时间】对话框中速度的初始值为100%。数值小于100%，越小，速度越慢；数值大于100%，越大，速度越快。

2. 使用比率拉伸工具

①按住【Alt】键的同时单击【工具】面板中的波纹编辑工具，切换到比率拉伸工具，如图 5-31 所示。

②选中【时间轴】面板中需要调速的素材，将指针定位到该视频的结尾处，如图 5-32 所示。

③按住鼠标左键左右拖动：向左拖动，视频持续时间变短，可加速播放；向右拖动，视频持续时间变长，可减速播放。图 5-33 所示为向右拖动的效果，该视频时长由 10:26 变为 17:09，减速播放。

使用比率拉伸工具来调整视频速度，可以随时预览视频调整效果，不需要设置精确倍数，该方法十分方便。

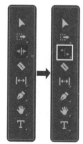
图 5-31

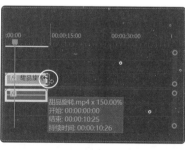
图 5-32

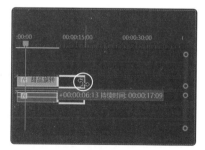
图 5-33

↘ 5.2.5　课堂实战——对短视频进行减速处理

①新建项目"服装陈列"，导入素材"服装陈列实拍"（案例素材\第5章\5.2.5\服装陈列实拍），然后将【项目】面板中的视频素材拖至【时间轴】面板中，如图5-34所示。

②在【时间轴】面板里选中视频素材，右击视频素材后在弹出的快捷菜单中选择【速度/持续时间】选项。在弹出的【剪辑速度/持续时间】对话框中，【速度】的默认值为100%，将【速度】调整为80%，可以看到视频时长变长了，变为01:03:22，单击【确定】按钮，如图5-35所示。

③在【节目】面板中预览视频，完成后导出即可。

图5-34　　　　　　　　　　　　　　　　　　图5-35

5.3　添加效果与调色

↘ 5.3.1　添加视频效果

在剪辑短视频时，为了丰富短视频的表现形式，可以添加视频效果。视频效果位于【效果】面板中，并在【效果控件】面板中调整参数，具体操作如下。

扫一扫
添加视频效果

①新建项目"公园散步"，导入素材"公园散步"（案例素材\第5章\5.3.1\公园散步），然后将【项目】面板中的视频素材拖至【时间轴】面板中。

②单击【项目】面板右上角的展开更多选项按钮，从下拉列表中选择【效果】选项，如图5-36所示。

③打开【效果】面板，展开【视频效果】选项，展开【模糊与锐化】选项，选择【高斯模糊】，按住鼠标左键将其拖至【时间轴】面板的视频素材上，如图5-37所示。

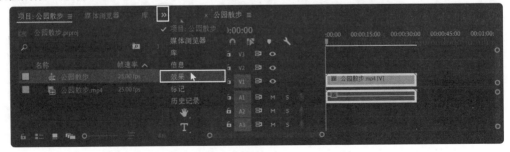

图5-36

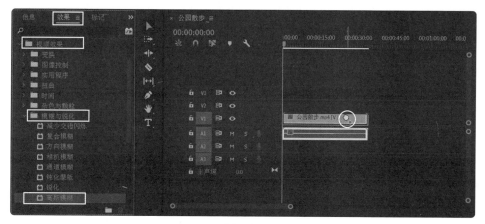

图 5-37

④选中【时间轴】面板中的视频素材，单击【源】面板中的【效果控件】面板，在【效果控件】面板中展开【高斯模糊】选项，单击【模糊度】前面的【切换动画】按钮，然后将时间线调至 15 秒位置，在【节目】面板中直接修改时间为"15:00"即可，然后将【模糊度】调至 25，如图 5-38 所示。

⑤将时间线拖至视频的结尾处，然后将【模糊度】调至 50，如图 5-39 所示。

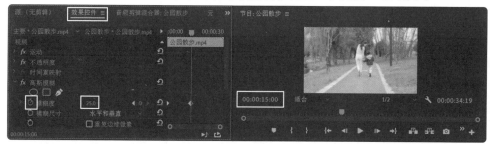

图 5-38

图 5-39

⑥设置完成后，在【节目】面板中即可预览调整后的视频效果。

5.3.2　添加转场效果

在剪辑短视频时，经常需要将多个不同镜头或不同内容的视频拼接在一起，为了使两段视频之间的过渡更加自然，通常需要添加转场。视频转场，也称视频过渡或视频切换，用于在不同的镜头之间形成动画，使镜头之间的

扫一扫
添加转场效果

切换更具创意。下面介绍添加转场效果的具体操作。

①新建项目"甜品拼接"，导入素材"甜品 1""甜品 2""甜品 3"（案例素材\第 5 章\5.3.2\），新建序列"甜品拼接"，然后将【项目】面板中的视频素材拖至【时间轴】面板中，如图 5-40 所示。

图 5-40

②切换到【项目】面板中的【效果】面板，展开【视频过渡】选项，展开【溶解】选项，选择【交叉溶解】，按住鼠标左键将其拖至【时间轴】面板的两段视频素材的首尾相接处，如图 5-41 所示。

图 5-41

③由于添加过渡的视频剪辑没有额外的素材，所以 Premiere 会提示"媒体不足，此过渡将包含重复的帧"，单击【确定】按钮，如图 5-42 所示。此时，Premiere 会通过重复结尾帧形成剪辑的冻结帧，从而自动生成剪辑手柄，如图 5-43 所示。

图 5-42

图 5-43

④在【时间轴】面板中选中过渡效果，打开【源】面板的【效果控件】面板，可以设置【交叉溶解】的持续时间（视频过渡效果的默认持续时间是 25 帧 / 秒）和对齐方式，如图 5-44 所示。将【持续时间】设置为 2 秒，【对齐】改为【终点切入】，如图 5-45 所示。

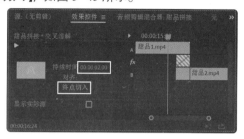

图 5-44 　　　　　　　　　　　　　　　图 5-45

小贴士

在菜单栏单击【编辑】→【首选项】→【时间轴】，在弹出的【首选项】对话框中可以设置视频过渡的默认持续时间，如图 5-46 所示。

图 5-46

知识拓展

关键帧指角色或者物体运动或变化中的关键动作所处的那一帧。在 Premiere 中，可以通过创建关键帧，实现随时间更改属性值自动生成动画的效果。一个简单的运动效果至少需要两个关键帧，一个关键帧对应变化开始的值，另一个关键帧对应变化结束的值。两个关键帧中间的动作叫作过渡帧或者中间帧，由软件自动完成。

扫一扫
关键帧

例如，图 5-47 的案例，在画面中添加"爱剪辑"文本，位于画面左上角，选中文本后在【效果控件】面板中可以设置其参数，如位置、缩放等。找到【位置】效果选项，单击其前面的按钮（蓝色点亮状态），即可在右侧窗口中自动生成一个关键帧。关键帧的位置由时间线指针的位置决定，因此拖动时间线指针即可改变关键帧的位置。拖动时间线指针至相应位置后，调整【位置】效果的属性参数（或直接在【节目】面板中移动文本至右下角位置），系统会自动在当前位置生成一个关键帧。

添加以上两个关键帧（第一个关键帧为开始运动的位置，第二个关键帧为移动后的位置），可以实现文本从左上角移动至右下角。

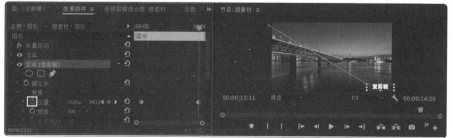

图 5-47

↘ 5.3.3 视频调色

如果视频画面出现颜色不平衡、曝光不足或者画面过于暗淡等情况，可以使用 Premiere 中的【Lumetri 颜色】面板对短视频进行调色。调色一般分为初级调色和二级调色，初级调色就是调节画面中的曝光、对比度、高光和阴影等，二级调色就是对视频的局部颜色进行调节。视频调色具体操作如下。

①新建项目"油菜花海"，导入素材"油菜花海"（案例素材 \ 第 5 章 \5.3.3\ 油菜花海），新建序列"油菜花海"，然后将【项目】面板中的视频素材拖至【时间轴】面板中。单击【项目】面板右下角的【新建项】按钮，在弹出的列表中选择【调整图层】选项，在弹出的【调整图层】对话框中单击【确定】按钮，新建调整图层。将调整图层拖至 V2 轨道，调至与视频素材同样的长度，如图 5-48 所示。这样即可在调整图层上对短视频进行调色，也不会影响原视频。

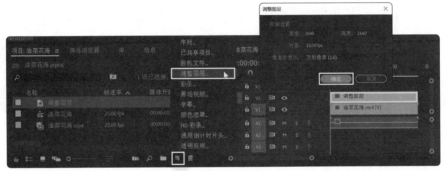

图 5-48

②在 Premiere 窗口上方选择【颜色】，切换到【颜色】工作区，窗口右边就会显示【Lumetri 颜色】面板。接下来便可以通过【基本校正】中的【白平衡】【色调】【饱和度】对视频进行调色，如图 5-49 所示。

图 5-49

③选择【源】面板中的【Lumetri 范围】面板，系统对当前视频画面亮度和色彩的分析显示为波形 RGB，帮助用户准确地评估剪辑，进行色彩校正。需要注意的是，波形范围为 0~100，如图 5-50 所示。超过 100 会造成视频画面过亮，低于 0 会造成视频画面过暗。

④点击【Lumetri 范围】面板下方的【设置】按钮或右击【设置】按钮，在弹出的快捷菜单中选择【分量（RGB）】选项，如图 5-51 所示，即可显示红、绿、蓝 3 个颜色通道。

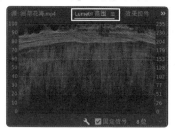
图 5-50

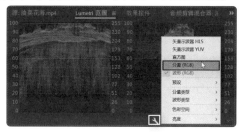
图 5-51

若要进一步对视频进行调色，便要使用【Lumetri 颜色】面板中的【曲线】【色轮和匹配】【HSL 辅助】【晕影】，如图 5-52 所示。

⑤ 展开【RGB 曲线】选项，单击曲线添加锚点，调整画面的亮度和色彩范围，并且可以分别调整 RGB3 个通道的曲线，如图 5-53 所示；按住【Ctrl】键的同时单击锚点可以将其删除。展开【色相饱和度曲线】选项，根据需要调整色相与饱和度、色相与色相、色相与亮度、亮度与饱和度、饱和度与饱和度，如图 5-54 所示。

⑥展开【色轮和匹配】选项，调整阴影、中间调和高光，如图 5-55 所示。在【HSL 辅助】和【晕影】选项中，可以根据需要对视频进行调色，如图 5-56 所示。

图 5-52

图 5-53

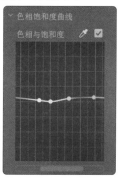
图 5-54

图 5-55

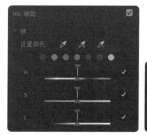
图 5-56

↘ 5.3.4 课堂实战——为美食类短视频调色

①根据提供的素材"便携榨汁机"（案例素材\第5章\5.3.4\便携榨汁机）新建项目并创建序列。

②在 Premiere 窗口上方选择【效果】,在【Lumetri 颜色】面板中将【色温】值设置为 −10,将【对比度】设置为 20，如图 5-57 所示。

③调整完成后导出视频即可。

图 5-57

素养课堂

学习是一个循序渐进的过程，但是有很多人因为学不好而焦虑。我们要学会巩固自己的知识，做到融会贯通，并将知识运用到实际中去。

对于知识的学习，我们不要只是表面理解，而要深层理解知识，通过练习来巩固，以及定期回顾，让知识深深地扎根在脑海中。虽然我们在学习的过程中有时会焦虑，但是我们仍然要在学习的道路上不断前进。

5.4 编辑文本

使用 Premiere 中的文字工具可以很方便地在短视频中添加字幕，并设置文本格式，然后为字幕制作开场和结尾动画。

↘ 5.4.1 添加文本

①新建项目"奔跑的青春"，导入素材"奔跑的青春"（案例素材\第5章\5.4.1\奔跑的青春），新建序列"奔跑的青春"，然后将【项目】面板中的视频素材拖至【时间轴】面板中。

②在【时间轴】面板中将时间线定位到要添加文字的位置，单击【工具】面板中的文字工具，然后在【节目】面板中需要添加字幕的位置单击，输入

扫一扫
编辑文本

文字"青春就是要向前冲的"。

③调整【时间轴】面板中字幕条的长度，使其与视频长度对齐，如图5-58所示。

图5-58

↘ 5.4.2 设置文本效果

①在【时间轴】面板中选中字幕条，打开【效果控件】面板，设置文字的字体样式、大小、对齐方式、字距、填充色、描边颜色及描边宽度，如图5-59所示。

②在【项目】面板中打开【效果】面板，展开【视频效果】中的【变换】选项，选择【裁剪】效果，如图5-60所示，将其拖动至【时间轴】的字幕条中。

图5-59

图5-60

③在【源】面板中打开【效果控件】面板，在【裁剪】效果中设置【羽化边缘】为50,启用【右侧】动画，如图5-61所示，添加两个关键帧，设置【右侧】参数分别为100.0%、0.0%。

④启用【左侧】动画，如图5-62所示，添加两个关键帧，设置【左侧】参数分别为0.0%、100.0%。

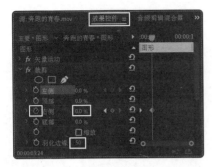

图 5-61

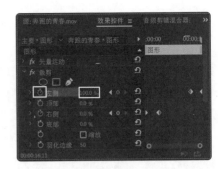

图 5-62

⑤设置完成后，在【节目】面板中播放视频，即可预览文字出现和消失的动画，如图 5-63、图 5-64 所示。

图 5-63

图 5-64

↘ 5.4.3 课堂实战——为短视频添加动态字幕

①根据提供的素材"加热杯"（案例素材\第 5 章\5.4.3\加热杯）新建项目并创建序列。

②单击【工具】面板中的文字工具，然后在【节目】面板中需要添加字幕的位置单击，输入文字"智能恒温杯 让生活更有温度"，在【效果控件】面板中设置好字体格式。调整【时间轴】面板中字幕条的长度，使其与视频长度对齐。

③启用【位置】关键帧，如图 5-65 所示，添加 4 个关键帧，水平位置的数值分别设置为 1960、1250、1250、1960。这样即可实现字幕从右侧出现，又从右侧划走的动画效果。

④调整完成后导出视频即可。

图 5-65

5.5　编辑音频并导出文件

声音是短视频不可或缺的一部分，在编辑短视频时，短视频创作者要根据画面表现的需要，通过背景音乐、音效等手段来增强短视频的表现力。Premiere 提供了强大的音频编辑工具，利用它可以在短视频中添加与编辑音频。下面介绍编辑音频并导出文件的具体操作方法。

扫一扫
编辑音频

↘ 5.5.1　添加音频

①新建项目"春暖花开"，导入素材"春暖花开""BGM"（案例素材 \ 第 5 章 \5.5.1\ 春暖花开、BGM ），然后将视频素材拖至【时间轴】面板中新建序列，如图 5-66 所示。

②可以看到该视频自带背景声音，我们需要将背景声音删除，保留视频。选中素材右击后，在弹出的快捷菜单中选择【取消链接】选项，如图 5-66 所示，然后选中音频，按【Delete】键删除即可。

图 5-66

③将【项目】面板中的"BGM"音频素材拖至【时间轴】面板的 A1 轨道中，然后修剪音频的长度，使其与视频长度对齐，如图 5-67 所示。

图 5-67

④为了方便对音频进行处理，拖动音频轨道右侧的滚动条，拉长 A1 轨道。然后单击轨道左上方的【时间轴显示设置】按钮，在弹出的列表中选择【显示音频关键帧】选项，如图 5-68 所示。

⑤音频素材中间有一条黑白线，即音量级别关键帧线。拖动它即可调整音频的音量，往上拖动调大音量，往下拖动调小音量，如图 5-68 所示。

⑥按住【Ctrl】键的同时，单击音量级别关键帧线，即可添加关键帧。我们可以添加多个关

键帧，并调整关键帧的位置，来调整某段音频的音量，如图 5-69 所示。

⑦如果音量转换比较突兀，可以在需要转换的位置右击，在弹出的快捷菜单中选择【贝塞尔曲线】选项，转换为贝塞尔曲线，使音频音量转换自然、平滑，如图 5-70 所示。

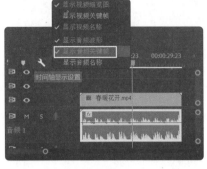

图 5-68　　　　　　　　　　　图 5-69　　　　　　　　　　　图 5-70

5.5.2　设置音频效果

①选中音频素材，单击【项目】面板中的【效果】面板，双击【音频效果】中的【模拟延迟】效果，如图 5-71 所示，即可为音频素材添加效果。

②在【源】面板中的【效果控件】面板中可以看到添加的【模拟延迟】效果。单击【编辑】按钮，如图 5-72 所示。

③在弹出的【剪辑效果编辑器】对话框中的【预设】下拉列表中选择所需的模拟延迟效果，然后进行自定义设置，如图 5-73 所示。

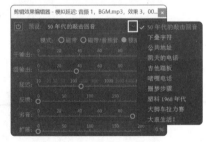

图 5-71　　　　　　　　　　　图 5-72　　　　　　　　　　　图 5-73

④若要将修改的音频单独导出，只需在要导出的音频素材处右击，在弹出的快捷菜单中选择【渲染和替换…】选项，如图 5-74 所示。在【项目】面板中即可看到导出的音频文件，如图 5-75 所示。

图 5-74　　　　　　　　　　　图 5-75

↘ 5.5.3　导出视频文件

在 Premiere 中完成短视频剪辑操作后，可以快速导出视频文件。在导出前，可以设置视频的格式、比特率、文件名、保存位置等参数，具体操作方法如下。

①打开项目文件"春暖花开"，在【时间轴】面板中选择要导出的序列，如图 5-76 所示。

②单击【文件】按钮，在下拉列表中选择【导出】→【媒体】选项，如图 5-77 所示，或直接按【Ctrl + M】组合键。

图 5-76

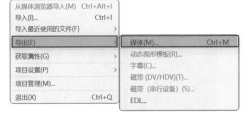

图 5-77

③打开【导出设置】对话框，在【格式】下拉列表中选择【H.264】选项（即 MP4 格式），单击【输出名称】右侧的文件名链接，如图 5-78 所示。

④弹出【另存为】对话框，设置保存位置，在【文件名】文本框中输入文件名，单击【保存】按钮，如图 5-79 所示。

图 5-78

图 5-79

⑤返回【导出设置】对话框，切换到【视频】选项卡，调整比特率数值，如图 5-80 所示。设置完成后，单击【导出】按钮，即可导出视频。

图 5-80

↘ 5.5.4　课堂实战——为短视频添加背景音乐

①打开 5.4.3 中创建的项目"加热杯"，添加素材"背景音乐"（案例素材 \ 第 5 章 \5.5.4\ 背景音乐）并将其拖入【时间轴】面板中。

②使用剃刀工具裁剪音频，使其与视频素材长度相同，如图 5-81 所示。

③在"背景音乐"素材上右击，在弹出的快捷菜单中选择【音频增益】选项，如图 5-82 所示。

④弹出【音频增益】对话框，将【调整增益值】设置为正数，表示调高音量；将【调整增益值】设置为负数，表示调低音量，这里将【调整增益值】设置为 –15，表示调低音量，调整完成后单击【确定】按钮，如图 5-83 所示。

⑤试听后导出视频即可。

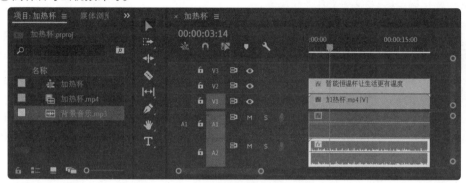

图 5-81

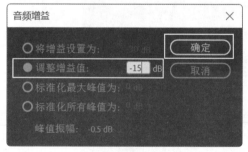

图 5-82　　　　　　　　　　　　　　　　图 5-83

5.6　项目实训——剪辑产品介绍广告

本次实训将以介绍办公书籍为例，介绍如何剪辑产品介绍广告。具体操作步骤如下。

①新建项目"产品介绍"。导入提前拍摄好的产品素材（案例素材 \ 第 5 章 \5.6\ 产品介绍 \），然后将素材拖至【时间轴】面板中新建序列，素材排列顺序如图 5-84 所示。

②重命名序列。此时在【项目】面板中可看到默认生成的序列"封面"，

扫一扫
项目实训——剪辑
产品介绍广告

它是以时间轴中第一个素材名命名的，将其重命名为"剪辑"，如图5-85所示。

图 5-84

③调整画面大小和位置。在【节目】面板中调整每个素材的画面大小和位置，使其充满整个画布，避免出现黑色背景，如图5-86所示。

图 5-85

图 5-86

④剪辑片段。调整每段素材的时间长度，选中"旋转"视频素材，右击后在弹出的快捷菜单中选择【速度/持续时间】选项，如图5-87所示。弹出【剪辑速度/持续时间】对话框，将【速度】调整为600%，如图5-88所示。

图 5-87

图 5-88

⑤添加缩放效果。选中【时间轴】面板中的"图2.jpg"，在【效果控件】面板中，点击【缩放】前面的按钮（蓝色点亮状态），然后添加两个关键帧，并将第2个关键帧处的缩放值设置为150，如图5-89所示。

⑥按照同样的方法，为图3添加两个关键帧，设置第2个关键帧的【缩放】值为200，如图5-90所示；为图4设置【位置】和【缩放】两个关键帧，将【位置】的第2个关键帧的值设置为1000，将【缩放】的第2个关键帧的值设置为220，如图5-91所示；为图5设置【缩放】和【旋转】两个关键帧，将【缩放】的第2个关键帧的值设置为162，将【旋转】的第2个关键帧的值设置为-20，如图5-92所示。

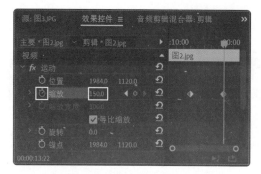

图 5-89

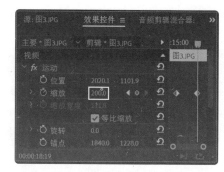

图 5-90

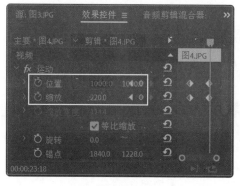

图 5-91

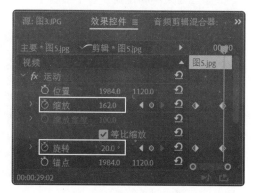

图 5-92

⑦添加过渡效果。在【项目】面板中打开【效果】面板，找到【视频过渡】选项，然后在【溶解】组中找到【交叉溶解】选项，右击后选择【将所选过渡设置为默认过渡】选项，如图 5-93 所示。

⑧在【时间轴】面板中选中所有素材，按【Ctrl+D】组合键，弹出【过渡】对话框，单击【确定】按钮，如图 5-94 所示，即可给所有素材的首和尾都添加【交叉溶解】。

图 5-93

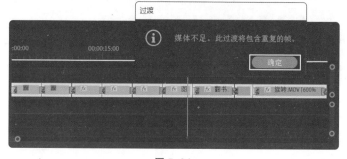

图 5-94

⑨添加字幕。在【时间轴】面板中将时间线定位到要添加文字的位置，单击【工具】面板中的文字工具，然后在【节目】面板中需要添加字幕的位置单击，输入文字"Excel 其实很简单"。然后调整【时间轴】面板中字幕条的长度。在【效果控件】面板中设置字体的格式（字体颜色为蓝色），如图 5-95 所示。

图 5-95

⑩设置文字效果。在【项目】面板中打开【效果】面板,展开【视频效果】中的【变换】选项,选择【裁剪】效果,将其拖动至【时间轴】面板的字幕条上。

在【效果控件】面板中,启用【右侧】动画,如图 5-96 所示,添加两个关键帧,设置【右侧】参数分别为 100.0%、0.0%。启用【左侧】动画,如图 5-97 所示,添加两个关键帧,设置【左侧】参数分别为 0.0%、100.0%。

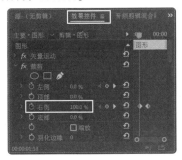

图 5-96

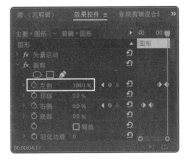

图 5-97

⑪按住【Alt】键的同时拖动字幕条,复制一个字幕条,输入文字“从数据到分析报告”,字体颜色改为黄色,在【时间轴】面板中调整其与第 2 段素材尾部对齐,如图 5-98 所示。

⑫将【项目】面板中的“音乐”素材拖至【时间轴】面板的 A1 轨道中,然后修剪音频的长度,使其与视频长度对齐,如图 5-99 所示。

图 5-98

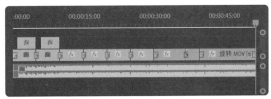

图 5-99

⑬完成后预览视频,确认没问题后将其导出。

思考与练习

一、单项选择题

1. 利用 Premiere 的（　　）可以进行视频调速。

    A. 比率拉伸工具　　　　B. 波纹编辑工具　　　　C. 滚动编辑工具　　　　D. 剃刀工具

2. 在 Premiere 的【导出设置】对话框中选择 H.264 格式可以导出的文件类型是（　　）。

    A. MP3　　　　　　　　B. MP4　　　　　　　　C. MOV　　　　　　　　D. FLV

3. 为了使两段视频之间的过渡更加自然，通常需要添加（　　）。

    A. 音频效果　　　　　　B. 音频过渡　　　　　　C. 视频效果　　　　　　D. 视频过渡

二、多项选择题

1. 在 Premiere 的【编辑】工作区中包含的面板有（　　）。

    A.【项目】面板　　　B.【工具】面板　　　C.【时间轴】面板　　　D.【节目】面板

2. 在 Premiere 的【源】面板中可以进行的操作有（　　）。

    A. 标记入点/出点　　　B. 转到入点/出点　　　C. 后退/前进一帧　　　D. 播放/停止

3. 以下 Premiere 的工具中可以修剪视频的有（　　）。

    A. 选择工具　　　　　　B. 波纹编辑工具　　　　C. 滚动编辑工具　　　　D. 剃刀工具

三、判断题

1. Premiere 标题栏显示 Premiere 的版本以及项目文件的名称。（　　）

2. Premiere 的【项目】面板主要用于导入、存放和管理剪辑素材。（　　）

3. 视频效果用于在不同的镜头之间形成动画，即镜头之间的切换。（　　）

四、技能实训

1. 根据提供的素材"便携榨汁机"（思考与练习＼素材及答案＼第 5 章＼便携榨汁机），在 Premiere 中分别使用对话框和比率拉伸工具调整视频速度。

2. 利用提供的素材"手动拉蒜泥神器"（思考与练习＼素材及答案＼第 5 章＼手动拉蒜泥神器），使用 Premiere 剪辑产品介绍视频。

五、思考题

1. 请描述你对 Premiere 的关键帧的理解。

2. 简述 Premiere 的波纹编辑工具与滚动编辑工具的区别。

3. 简述在 Premiere 中创建序列的两种方法。

CHAPTER

06

第 6 章
短视频的发布

学习目标

* 掌握完善短视频账号的方法
* 掌握创作短视频标题的技巧
* 掌握制作短视频封面的技巧
* 掌握短视频发布时间的优化方法
* 掌握短视频发布的小技巧

课前思考

抖音自 2016 年 9 月诞生至今,已经成为向全网传递积极生活理念,连接全民情感的重要通道。抖音发布的《2022 年抖音热点数据报告》显示,热点视频的播放量每月高达 4000 亿,而每月被创作出来的热点视频数量也突破百万。其中,社会、娱乐类视频最为聚焦,而在如此庞大的数量背后,抖音热点正在与用户生活形成紧密连接。

回顾该报告,每个热点故事都给全网留下了万千快乐与诸多美好。在报告中,2022 年抖音热点覆盖社会事件、时政事件与娱乐话题等多个领域,所产生的信息与用户生活息息相关,不仅给用户提供社会与娱乐资讯等话题,还为用户提供切实需要的日常生活资讯。众多短视频创作者与用户在抖音热点中留下了 2022 年的精彩瞬间。另外,在抖音的青少年模式里,青少年也在以自己的视角关注热点,探索世界,了解世界。

短视频蕴藏的信息量比文字更多、更直观,它能够帮助大家更好地发现、记录和分享生活中的美好。

思考题

1. 你发布过短视频吗?你发布的短视频的内容是什么?
2. 你主要在哪个或哪些平台发布短视频?选择它或它们的原因是什么?

6.1 完善短视频账号

短视频运营的核心是内容，同时账号的设置也是一个不可忽视的因素。

完善短视频账号的关键是做到精准定位，一个账号只定位一个领域。账号定位直接决定了其所吸引粉丝的精准度、涨粉的速度、引流的效果和变现能力。

账号的设置包括账号名称、账号头像、账号背景图、账号认证和简介等的设置，它们会在很大程度上影响账号的形象。

扫一扫
完善短视频账号

⬎ 6.1.1 账号名称

想要短视频账号吸引用户，首先要从账号名称着手，一个好的账号名称可以吸引更多用户关注。那么短视频的账号名称该如何设置呢？可以借鉴以下几个思路。

1. 简洁易记

账号名称要简单、明确，好记忆、好理解、好传播，避免出现生僻字和不好发音。大多数情况下，一个简洁易记的账号名称，往往容易让人记住，而且如果账号后期自我包装、品牌植入或者推广，一个简洁易记的账号名称更容易达到目的。比如"××饿了""美食体验官××"等，都是简洁易记的账号名称，而且用户一看就知道是专注于美食领域的。

2. 自己的名字

如果想打造个人知识产权（Intellectual Property，IP），可以直接将自己的名字作为账号名称。另外，账号名称也可以是个人昵称或他人对自己的称呼等，如"××姥姥""××妈妈"等。

3. 以谐音命名

目前短视频账号的数量非常庞大，短视频领域竞争也非常激烈，所以如果想要在海量的短视频账号中脱颖而出，给用户留下深刻印象，那么不妨尝试用谐音，以取出既有创意又容易被用户记住的账号名称。比如名称为"这箱有礼"的开盲盒账号，用了大家熟知的"这厢有礼"的谐音，既有创意，也容易被用户熟知。

课堂讨论

你见过哪些以谐音命名的短视频账号？请谈谈它的创意在哪里。

4. 体现领域定位

一个好的短视频账号，不仅名称要简洁易记，要有创意，要有辨识度，更重要的，账号名称还要能体现账号的领域定位。比如账号"××瑜伽"，直接揭示了创作者的专业领域；再如"购房指南"，一看账号名称就知道这是一个与房产相关的账号，这样就很容易吸引对购房比较感兴趣的用户。

⬎ 6.1.2 账号头像

头像是一种视觉语言，它不仅会影响用户对创作者的直观印象，还会在一定程度上表达出账号的定位和创作者的个性，它是个人品牌的标志。头像应根据账号所运营的内容和风格来确定，但很多新手在初期对设置头像非常随意。下面介绍账号头像设置的技巧。

1. 真人出镜

如果是真人出镜类的短视频账号，建议使用真人照片，这样会让用户对账号有更直观的认知，产生更强的信任感。真人照片分为个人形象和生活照，用这类照片作为头像有助于树立专业形象，有助于个人 IP 的打造。图 6-1 所示即为真人出镜的账号头像。

2. 账号名称

直接使用账号名称作为头像，能够让用户清楚地了解账号运营的内容，深化其对品牌的认知。图 6-2 所示即为账号名称头像，看起来直观明了。如果账号是图文类型的，也建议使用文字标题作为头像，别人看到头像就会知道账号所运营的内容，深化对账号的认知。

图 6-1

3. 卡通漫画

如果短视频内容是和卡通漫画相关的，可以使用自创的动画角色作为头像，这样能够强化账号形象。图 6-3 所示即为卡通漫画头像。

4. 宠物照片

宠物照片一般都是宠物博主使用的，如果账号内容和宠物有关，就可以直接使用宠物照片作为头像。其他领域的账号头像使用宠物照片的话，会和账号的定位不符，影响用户对账号的认知。图 6-4 所示即为宠物照片头像。

5. 场景照片

场景照片适用的短视频类型相对较多，只要和短视频内容定位相关即可。例如，登山类、滑雪类、骑行类等涉及相对固定场景的短视频账号，都可以使用场景照片作为头像。图 6-5 所示即为某一环球骑行账号的头像。

6. 品牌Logo

品牌 Logo 头像适合新闻媒体、行业品牌或企业等账号，影视剪辑领域的账号也可以使用。图 6-6 所示即为剪映 App 抖音官方账号的头像。

图 6-2

图 6-3

图 6-4

图 6-5

图 6-6

小贴士

需要注意的是：头像一定要简洁、清晰，尽量避免局部或者远景人像，不用杂乱场景、动物；头像要和名称有关联，保持统一；文字类头像的文字不要超过 6 个字。

↘ 6.1.3 账号背景图

短视频账号主页的背景图是除账号头像，最能体现账号风格的部分，因此，设置有特色的主页背景图也是不容忽视的内容。

背景图颜色应该与头像颜色相呼应，保持风格统一；背景图要美观、有辨识度，要体现专业性。由于背景图上传后会被压缩，只有下拉时才能看到下面的图，所以要把想要表达的信息留在背景图中央，使其完整显示出来。

除背景图大小的设置，如果要打造个人 IP，加深其在用户心中的印象，需要以能体现账号定位的照片作为背景图。例如，某短视频账号的内容为做便当，因此以厨房一角的照片作为背景图，与账号的主题及定位相符，用户一看就知道这是个美食账号，如图 6-7 所示。

主页背景图也可以起到对账号进行二次介绍的作用，深化用户对 IP 的认知。抖音某美食账号背景图上有着"花小钱 办大事 关注我"等，如图 6-8 所示。

背景图还可以起到引导用户关注的作用，利用有趣的图案、话术等给用户心理暗示。例如，抖音某搞笑剧情类账号的背景图上的"关注我的人非常美"，如图 6-9 所示，就会给有相似心理的用户心理暗示，让他们关注该账号。

图 6-7

图 6-8

图 6-9

↘ 6.1.4 账号认证和简介

经过认证的账号能获得更高的推荐权重。账号可以申请个人认证，如图 6-10 所示。申请个人认证需满足：发布视频数 ≥ 1 条，粉丝量 > 1 万名，绑定手机号。账号也可以申请官方认证，在官方认证账号中政府机构号级别最高，其次是企业号、MCN 机构旗下账号等。用户可以根据账号条件进行相应的认证申请。

简介要根据人物定位，突出个人的 2~3 个特点，并且文字不要太长，要方便用户记忆。在简介中可以加上视频的更新时间、直播时间、合作联系方式和粉丝群等信息，如图 6-11 所示。需要注意的是，带货类账号不建议使用网上找的个性短句，比如"我走得很慢，但绝不回头"，这类简介听起来很酷，但跟账号整体相关性较小。

图 6-10

图 6-11

6.1.5　课堂实战——为美食类短视频设置简介

美食类短视频的简介要跟账号整体相关，例如，用心和爱做好每一顿饭；分享用家常食材做好吃的美食；专注家常菜，天天都是家里的味道；烟火人情味，食色齐全。

在简介中也可以加上短视频的更新时间、直播时间、合作联系方式和粉丝群等信息，如图 6-12 所示。请根据以上示例任选一条美食类短视频并为其设置简介。

图 6-12

6.2　短视频标题的创作

短视频作品要想在海量的短视频中脱颖而出，获得更高的播放量，标题至关重要。标题是吸引用户关注、让用户快速了解短视频内容的重要窗口。即使是相同的视频，也会因为设置的标题不同，而获得完全不同的播放量。

6.2.1　标题创作的三大准则

在创作短视频标题时，可以遵循以下三大准则。

1. 内容真实

短视频标题创作的第一大准则就是内容真实，也就是标题的内容一定要与短视频的内容相符。网络媒体中很多视频为了吸引用户、增加点击量，使用夸张、虚假的标题，这样的做法是万万不可取的，这样做不但不能留住粉丝，反而会让用户失望，甚至引起用户的反感。因此，在创作标题时要保证其与短视频的内容相关联。

2. 找到痛点

短视频的标题要想吸引用户，就要从用户的角度出发，找到用户需求，最好是大多数用户的需求，切中用户痛点。短视频的标题明确用户痛点，就很容易吸引具有同类痛点的用户关注。短视频创作者在日常应多收集用户遇到的问题，把这些问题罗列出来，然后提炼出相关的词语，运用到标题中。

3. 解决痛点

反映用户痛点的标题只能引起用户的关注，要想吸引用户点开并观看短视频，还需要给出解决痛点的方法。用简单通俗的语言描述痛点及解决方法，更有助于吸引用户。例如，"饭店太贵？在家 20 元做一顿丰盛晚餐！"几乎所有人都希望用少量时间或者少量金钱，就可以换来比较不错的回报，即使他们不会去做，但也蠢蠢欲动，好奇这 20 元究竟能做出什么样丰盛的晚餐，好奇心就会促使他们观看短视频。

6.2.2　标题创作的八大秘诀

标题的好坏直接影响短视频的点击率：一个好的标题能够扩大短视频的传播范围，使短视频更容易获得平台的推荐；而一个不好的标题会埋没一条优秀的短视频。下面介绍如何创作吸引人的短视频标题。

1. 提取关键词

目前大多数短视频平台都采用了算法机制，可以更精准地定位用户痛点。例如，抖音的推荐机制是"机器审核＋人工审核"，标题首先是机器审核，其次才是人工审核。因此在写标题的时候，需要根据定位的领域，多添加一些行业常见、高流量的关键词。例如，定位是办公软件培训领域的账号，可以多在标题中添加办公、知识等词汇。平时，短视频创作者也需有意识地搜集一些相关领域的关键词，并将其添加到标题中，机器审核后会将短视频更加精准地推荐给对该领域感兴趣的用户，进而增加播放量。

2. 确定标题句式

在创作短视频标题时，要尽量避免使用长句，而应多使用短句，并合理断句，力争用最少的字数讲清短视频内容。除了使用陈述句，也可以使用疑问句、反问句、感叹句、设问句等句式，以引发用户的思考，增强用户的代入感。一般来说，短视频标题采用两段式或三段式形式，这样的标题不仅可以承载更多内容，而且易于用户理解，减少其阅读负担。例如，"还在喝奶茶？牛奶＋草莓比奶茶好喝多了。"

3. 使用第二人称

若想在标题上让观众产生代入感，引起共鸣，可以多使用第二人称。例如，技能学习类的标题可以是"看完这个视频，你就能够成为剪辑专业人士"，励志类的标题可以是"别担心，你值得这世间所有的美好"。尽管短视频是呈现给所有用户看的，但使用第二人称可以给用户一种量身定制的感觉，让用户产生强烈的代入感。还可以在标题中指明某一特定群体，让该类群体看到标题后产生代入感。例如，"愿每个在异乡工作的人，都能被温柔以待"，该标题说出了大多数在异乡奋斗的人的心酸。

4. 利用数字

在标题中使用数字会让短视频内容更加直观，如"不想加班，这 3 个技能一定要学会""可乐鸡翅怎么做才好吃？ 3 个小技巧让你做出美味鸡翅"。在标题中对出现的问题提出 3 种解决方法，会使内容更加突出、明确，所以建议使用阿拉伯数字。另外，短视频创作者还可以通过具体的数字对短视频内容进行数据化描述，如"2022 年，这批奶粉的质检合格率高达 100%"。有奶粉购买需求的用户在看到这个标题时，可能就会被"100%"这个数字吸引，想要知道到底是哪种奶粉，从而继续浏览视频内容。

5.　添加热点词汇

热点事件是大众比较关注的，一旦发生热点事件，大家都会想要了解。如果选题内容与热点事件相关，标题中就可以添加热点词汇。需要注意的是，热点词汇并不是随便使用的，要与自身账号的定位协调。例如，技能类账号一般不要出现娱乐热词，否则标题不仅与账号定位不符，甚至会产生反作用，使原有粉丝产生反感情绪。

6.　引发好奇心

好奇是人类的天性，如果标题能够成功地激起用户的好奇心，那么用户自然会点击观看短视频。

首先，短视频标题可以设置悬念以引起用户的好奇。例如，"看到最后一个动作笑得嘴都酸了""一定要看到最后"等。看到这样的标题，用户通常都会好奇最后到底会出现什么，从而看完整个短视频。这样可以使短视频的界面停留时间更长，完播率更高。其次，创作者可以设置前后冲突，形成对比，让用户产生好奇心理。例如，"没回家时妈妈的态度vs回家后妈妈的态度""甜豆腐脑vs咸豆腐脑，到底哪个更好吃？这才是正确的吃法"等。最后，创作者还可以通过制造悬念来设计标题，引起用户好奇，引导用户看到最后。例如，"想成为短视频剪辑专业人士，第一步是……"等。

7.　引发互动

短视频想要引起用户互动，让用户转发、评论，好的办法之一就是标题采用疑问句，让用户自然而然地想留下自己的答案。例如，"你还想知道什么，评论区告诉我"等开放性问题，用户看到就想回答、与创作者互动，从而使短视频的评论量增加，扩大短视频的传播范围。

8.　输出干货

在标题里直接点明本条短视频能给用户带来什么价值、用户可以取得哪些收获，也有利于短视频的传播。收获可以是精神上的愉悦，也可以是某一方面技能的提升。如"Photoshop 急用证件照不会修？教你快速搞定换色模板""做销售如何留住客户？记住这几条就够了"等。

课堂讨论

请列出 3 个吸引你的短视频标题，并说说它们吸引你的原因是什么。

↘ 6.2.3　课堂实战——为搞笑类短视频设置标题

如果一条短视频的标题足够吸引人，就可以让人在短视频上停留更久，而停留就是一切可能的开始。搞笑类短视频的标题要新颖，目标明确，让人一看就想点击观看，但同时不能夸大。

例如，一段搞笑短视频的文案是这样的。

场景 1

家长：今天起晚了！孩子要迟到了！

家长打电话：王老师，给孩子请个假吧！

老师：孩子起来晚了？

家长：没有没有，他起来了，我起晚了……

场景2

家长：孩子，赶紧睡觉，明天我送你上学。

孩子：还是让我奶奶送吧，你总迟到！

家长：哈哈哈，也行，那更好……记得走之前把我叫起来哈！

搞笑类短视频标题不能单纯搞笑，还应该能引起共鸣，让人自愿转发与分享。以上这段短视频，想要表达的主旨是孩子上学老迟到，但并不是孩子的原因，而是家长的原因。这一反转点相信能够引起很多"00后"的共鸣，因为对他们来说，起床确实是一个难题。有"00后"孩子的家长看到这样的视频，也会产生强烈共鸣，因为每天叫孩子起床可能是他们最苦恼的事情。那么我们就可以给该视频设置标题"假如'00后'当家长"，孩子或家长用户看到这样的标题就会很好奇："00后"当家长到底是什么样的呢？再从老师的角度来看，"00后"本身就常因起床晚而迟到，当了家长后还是因为起床晚而导致孩子迟到，深究起来，迟到的还是"00后"。因此标题就可以设置为"原来迟到的还是同一批人"，意味深长，让人引起强烈的共鸣！

6.3　短视频封面的制作

短视频封面常常被大家忽视，其实它对吸引流量是非常重要的。短视频的封面会给观众留下第一印象，特别是在个人主页里。一个好的封面，往往能让用户了解短视频的亮点，从而吸引用户点击观看，进而增加短视频的播放量，扩大影响力，带来更多的流量。下面介绍短视频封面的形式和要求。

↘ 6.3.1　短视频封面的形式

在短视频创作领域，短视频创作者需要树立独特的风格，才能吸引用户关注，而短视频的封面是显而易见的个人风格的体现。

扫一扫
短视频封面的形式

1. 短视频截图

直接以从短视频中截取的画面作为封面，是很多短视频创作者使用的方法，这样不仅封面和内容相关，而且操作方便，如图6-13所示。若想打造个人IP，也可以直接从短视频中截取人物形象作为封面。为了让用户直观地区分每条短视频，也可以在封面中添加文字，展现短视频的关键，如图6-14所示。

2. 使用固定、统一的模板

短视频创作者可以结合短视频的内容定位，设计一套固定、统一的模板封面，加上标志性的元素。这样设计封面会使短视频的风格统一，而且固定的IP形象会使用户养成习惯，时间一长就会给用户留下深刻的印象。需要注意的是，如果同一账号内有不同系列的内容，短视频创作者可以不让所有短视频的风格统一，做到系列短视频风格统一即可，如图6-15所示。

3. 添加流量元素

结合短视频内容，短视频创作者可以在封面中添加一些流量元素，如添加表情包、流行语等，使短视频封面充满趣味性，如图6-16所示。但是流行元素不要过度使用，否则会造成用户的审美疲劳。

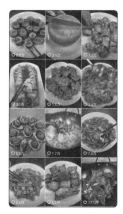
图 6-13

图 6-14

图 6-15

图 6-16

课堂讨论

让你印象最深刻的短视频封面是什么？说说它最吸引你的地方。

6.3.2　短视频封面的要求

一个好的封面能够吸引更多的用户，设计封面时需要注意以下几点。

1. 封面要与短视频内容相关

短视频封面一定要与短视频的内容相关，要将短视频中的亮点展示出来，让用户了解短视频的内容，并吸引其观看。如果用户点击观看短视频，发现封面与短视频内容不相关，可能会让用户产生厌恶心理，不但不会关注账号，甚至可能会举报该账号。

扫一扫
短视频封面的要求

2. 封面的原创性要高

各大短视频平台都在支持原创作品，封面作为短视频作品的一部分，也应具有原创属性。因此短视频创作者在做短视频封面的时候，也要保持原创，形成自己独特的风格。这样更容易得到用户的喜爱，吸引用户关注。

3. 封面图片要清晰

封面可以说是短视频的门面，清晰、完整是其第一属性，封面切忌模糊不清，否则会严重影响用户的观看感受。封面的比例也要合理、美观，切忌变形。短视频创作者可以通过调整图片的清晰度、亮度和饱和度等要素，有效提升用户的观看体验。

4. 封面构图要严谨

封面构图要层次分明、重点突出，将封面的主体放置于焦点位置，以便用户能够迅速抓住重点。严谨的构图有助于提升封面的美感。

5. 封面文字要选对

如果封面有文字，短视频创作者要把封面文字放在最佳展示区域，不要被标题、播放按钮

图 6-17　　　　　图 6-18

等元素挡住。字数要尽量少一些，否则会影响封面美感，也会增加用户的阅读时间，影响观看体验。字号在不影响美观的情况下，可以尽量大些，这样文字简单直白，更有冲击力。

不同类型的短视频需要设计不同的封面文字造型，以贴合短视频的风格。例如，技巧类短视频封面中的文字应该选择较为常规的字体，不宜过多修饰，且摆放位置最好固定，如图 6-17 所示。

对于非技巧类的短视频，短视频创作者也可以根据短视频的风格设置不同的文字样式。例如，对于可爱风、萌宠系列的短视频封面，短视频创作者可以设计较为俏皮的字体，并适当添加装饰物，如图 6-18 所示。

6. 封面禁止出现违规内容

封面不能出现暴力、惊悚、色情、低俗等内容，不能含有二维码、微信号等推广信息，否则不仅无法获得短视频平台的推荐，甚至会被处罚。

↘ 6.3.3　课堂实战——制作生活 Vlog 的封面

下面介绍如何制作 Vlog 的封面。Vlog 的主题是记录一个北漂女孩打工的一天，因此在制作封面时可以直接从短视频中截取画面作为封面，这样可使封面和内容相关，而且操作方便。具体操作方法如下。

①在剪映 App 中导入一段拍好的视频，点击下方的【比例】按钮，选择【9 ∶ 16】，如图 6-19 所示。

②滑动轨道，选择一帧需要的视频画面，点击【剪辑】按钮，选择【定格】，即可生成定格画面，默认时长为 3 秒，如图 6-20 所示。

③将定格画面前后的两段视频删掉，点击下方的【文字】按钮，点击【新建文本】，输入文字"北漂女孩上班日常"，【字体】选择【新青年体】，然后将文字移至画面上方合适的位置，点击【√】按钮，如图 6-21 所示。

④点击下方的【文字】按钮，点击【新建文本】，输入文字"充实的一天"，【字体】选择【温柔体】，然后将文字移至画面下方合适的位置，点击【√】按钮，如图 6-22 所示。

⑤封面效果如图 6-23 所示，点击右上角的【导出】按钮即可。

课堂讨论

如果让你制作一条毕业短视频，你会如何设计短视频的封面？

图 6-19　　　　图 6-20　　　　图 6-21　　　　图 6-22　　　　图 6-23

6.4　短视频发布时间的优化

很多短视频创作者在发布了一些短视频作品后，经常会遇到这样的情况：明明是差不多的内容，可是有的作品播放量很高，有的作品播放量就很低。出现这样的情况，一个主要的原因是短视频的发布时间没有选好，错过了粉丝的活跃时间。因此，短视频创作者需要对短视频发布时间进行优化。

↘ 6.4.1　适合发布短视频的时间段

统计发现，每个短视频平台每天都有各自的流量高峰期。大部分短视频的播放量、点赞量、评论量、转发量等的提高基本上都是在流量高峰期内完成的。因此，为了提高短视频的各项数据，短视频创作者需了解短视频平台的流量高峰期，从而确定短视频的最佳发布时间。

扫一扫
适合发布短视频的
时间段

在短视频领域，一般认为的黄金发布时间，用四个字来总结——四段两天。

1. 四段：周一至周五的四个时间段

（1）7点—9点：清晨起床期

这个时间大多数人刚睡醒，会看短视频醒神；或者在上班或上学途中，看一看有什么好玩的。在清晨精神焕发的时间段里，短视频创作者发布早餐类、励志类、健身类短视频，比较符合这一时间段用户的心态。

（2）12点—14点：午间休息期

这个时间段是大家吃午餐和午休的时间，在这个时间段，大部分人都会拿手机出来消磨无聊的时间。短视频创作者在这一时间段适合发布剧情类、吐槽类、搞笑类短视频，使用户在工作和学习之余能够缓解压力。

（3）17点—19点：下班高峰期

这个时间段，大家可能刚刚结束一天的工作或学习坐在回家的地铁上，很可能会利用手机打发时间，看看短视频放松一下。这一时间段也是短视频用户非常集中的时候。因此，所有类型的短视频都可以在这一时间段内发布，尤其是创意剪辑类。

（4）21点—23点：睡前休闲期

晚饭后收拾完坐在沙发上，或者忙碌了一天终于可以躺在床上，干什么呢？人们多数会选择看自己喜欢的短视频来放松一下。这个时间段观看短视频的用户数量非常多，因此，短视频创作者同样适合发布任何类型的短视频，尤其是情感类、励志类、美食类的内容。

2. 两天：周六、周日

两天主要指周六、周日，这两天通常是属于个人的时间，人们随时随地都可以拿出手机看短视频。因此，这两天的任何时间段都适合发布任何类型的短视频。

注意：不同的领域都有适合自己作品发布的时间，发布时间是不固定的，短视频创作者可以根据上述时间段去测试，找到最适合自己账号的发布时间。

课堂讨论

谈谈你最想创作哪类短视频。分析该类短视频适合在哪个时间段发布，为什么。

6.4.2　短视频发布时间的参考因素

除了"四段两天"，短视频创作者在选择短视频的发布时间时，还需要参考以下几点。

1. 参考同类型成功账号的发布时间

短视频账号失败的原因很多，但做成功的账号（即拥有百万、千万粉丝的账号），有很多相似的地方。同类型的账号能够成功，除了内容优质、文案出彩等原因，其发布时间同样值得借鉴和参考。尤其对新号来说，初期没有找到最合适的发布时间时，短视频创作者可以先参考同类型成功账号的发布时间，待账号成熟后再慢慢优化。

2. 参考账号主流用户群的观看时间

除了参考同类型成功账号，短视频创作者还可以参考自己账号主流用户群的观看时间，来决定发布作品的时间。例如，教健身的短视频，要尽量避开工作时间，很少人会在工作时间健身；做美食的短视频，尽量选择吃饭（或做饭）之前、22点之后，以及上下班时间，这些才是吸引用户观看的时间段。短视频创作者在发布短视频时需要充分考虑主流用户群，调整发布时间。

3. 参考热点事件发生的时间

通常热点事件能够带来大量流量，所以短视频创作者应实时关注热点事件，在热点事件出来的第一时间，快速跟进，打造出符合自身账号风格的内容，"趁热"吸引粉丝、获得曝光。

6.4.3　短视频发布时间的注意事项

除了适合短视频发布的时间段和发布时间的优化方法，短视频创作者在选择短视频的发布时间时，还需注意以下几方面。

扫一扫
短视频发布时间的
参考因素

扫一扫
短视频发布时间的
注意事项

1. 选择固定时间发布

短视频创作者不仅可以固定短视频的发布时间段，还可以选择固定每周的哪几天发布，如固定在每周二、周四、周六的21:00发布。这样能够培养用户的观看习惯，满足忠实粉丝的确定性心理，同时也能使短视频工作团队的成员心里有谱，形成有序的工作模式。

2. 尽量适当提前发布

前面介绍过，短视频通常需要经过系统审核和人工审核，因此，短视频的实际发布时间可能要比计划发布时间推迟半个小时或1个小时。在这样的情况下，短视频创作者就需要在计划发布时间前至少半小时发出，审核完毕的时间才是实际的发出时间。

3. 错开高峰期发布

"四段两天"发布的优质短视频，能够即时得到精准用户的反馈，上热门的机会更大。但该时间段用户发布短视频的数量多，竞争压力较大。这时选择错开高峰期发布，可能会获得更好的效果。

4. 无规律地自由发布

与选择固定时间发布相反，用户也可以选择无规律地自由发布。但是，无规律地自由发布不是完全没有依据，短视频创作者可以按照短视频的具体内容来确定发布时间。例如，与早餐相关的美食短视频，在清晨发布；与晚餐相关的美食短视频，在晚餐前发布。这样就可以使发布的短视频更符合用户使用场景，发布效果会更好。

6.4.4 课堂实战——健身类短视频的发布时间分析

假设你是一名健身教练，你会怎么选择短视频的发布时间呢？

首先从短视频创作者的身份可以分析，短视频的内容一定是与健身相关的。由于大部分人健身都会安排在工作日晚上或周末，因此这也是多数健身类短视频的最佳发布时间。

但是如果想要获得更多的流量，短视频创作者也可以根据健身的场景来选择短视频的发布时间。例如，某健身类短视频账号的本期短视频内容是居家健身的方式，则可以选择在工作日的清晨、晚间或周末来发布，该时间段的多数用户处于居家状态；下一期短视频内容可能是办公室健身的方式，则可以选择在工作时间发布，此时用户基本上在办公室，有部分人会在办公的间隙健身。这样就可以使发布的短视频更符合用户使用场景，发布效果会更好。

素养课堂

有句话说得好，不用羡慕别人的饮料有颜色，它未必有你的凉白开解渴。别人光鲜亮丽的背后，或许有着辛酸苦楚。而自己看似平淡无波的生活，也有着别人求而不得的安宁。所以，不必艳羡别人的光芒，我们也有自己的个性和色彩。

6.5 影响发布效果的其他因素

制作好的短视频要上传到短视频平台进行发布，不是简单地点击发布按钮就可以了，还涉及许多细节问题，短视频创作者需要掌握一些发布小技巧，包括融入热点话题、添加恰当的标签、定位发布等。

6.5.1 融入热点话题

扫一扫
融入热点话题

在创作短视频时，根据自己的短视频风格，把时下的热门话题融入作品中，利用话题来增加短视频的热度，应该是目前短视频创作者常用的增加流量的方法。下面介绍如何通过话题来制作热门短视频。

1. 把握时机

信息大爆炸时代，信息更新的速度是很快的。热点话题也是一样的，一个话题刚刚热起来，可能就会出现另外一个热度更高的话题。所以，短视频创作者想要利用话题的热度，就要把握好时机。

2. 敢于突破

短视频受关注靠的是流量，只有在海量同类短视频中突出自己的特点，自己的作品才会脱颖而出。很多较热门的话题，可能已经超出了账号的涉及范围，此时要不畏缩，尝试突破，只有这样才可能会有意想不到的收获。

3. 加入创意

虽然热点很重要，但是短视频创作者也不要随意追热点，选取的热点一定要与账号定位紧密相关，有选择、针对性地"追"，才能收获好的效果。在进行短视频的内容创作与热点结合时，短视频创作者应将热点与创意灵活结合在一起，而不应该生拉硬拽。

知识拓展

常见的热点话题主要有以下 3 类。一是常规类热点话题，如节假日（春节、端午节、中秋节等），大型活动（冬奥会、世界杯等），每年的入学、毕业、高考等。二是突发类热点话题，如突发事件、生活热点、娱乐新闻等。三是预告类热点，如某个品牌的新款手机要上市、某部新电影要上映等。

6.5.2 添加恰当的标签

扫一扫
添加恰当的标签

在制作完短视频后，短视频创作者将短视频上传至平台的一个必要步骤就是给短视频添加标签。短视频标签即短视频内容的关键字，标签越精准，短视频越容易得到平台的推荐，直达用户群体，加大曝光量。

如果短视频内容制作精良，却没有好的标签，那么很容易被淹没在众多短视频中，无法提高点击率。在短视频的内容介绍中，以 # 开头的文字就是标签，如"# 美食""# 穿搭""# 挑战赛"等。短视频创作者在给短视频添加标签时，需要满足一定的要求。

1. 标签个数和字数

一般来讲，短视频标签的个数为 3~5 个，每个短视频标签的字数为 2~4 个。标签太少不利于平台的推送和分发，而标签太多则容易让人抓不住重点，错过核心用户群。例如，一条美食类短视频可以添加"美食""菜谱""川菜"等标签，以同时触及多个短视频类型和细分领域。

2. 标签要精准

添加标签就是为了找到短视频的核心用户群，将短视频直接推送给核心用户群，从而提高点击率。例如，健身类短视频可以加上"瘦身""健身""运动"等标签，如果加上"美妆""影视"等标签，不仅不会吸引到更多用户，反而会影响账号原有的粉丝。

3. 标签要紧追热点

短视频创作者要注意对热点的跟踪。某一事件既然能成为热点，说明有千千万万的网民在关注这一话题，这意味着若能合理利用该话题，则可以带来巨大流量。因此，短视频创作者在短视频标签中加入热点、热词，会提高短视频的曝光率，从而使短视频获得更多推荐。

↘ 6.5.3　定位发布

扫一扫
定位发布

发布短视频时可以选择定位发布，定位发布是指在发布短视频时显示某一地点（定位任意选择），该地点展示在账号名称的上方，使短视频被该地点周围的用户看到。

定位发布的方法有两种。一种是定位于人流量大的商圈、著名的旅游景区等，如图6-24所示。由于关注某地区的用户很多，短视频用户的数量也相对较大，所以发布短视频时定位在某区域，短视频的基础播放量就会增加。

另一种是定位到美食商家，如图6-25所示。由于定位本身也是一种私域流量入口，可用于商业推广，因此使用了定位的短视频也会增加关注度。

↘ 6.5.4　课堂实战——在美食类短视频中加入热点话题

利用热点话题容易为短视频增加热度，美食类短视频中也可以加入热点。例如，在世界杯期间，美食类账号可以发布一些适合看球赛吃的美食，这样不仅会吸引很多对吃感兴趣的用户，还会吸引一大批热衷于看球时吃夜宵的球迷，再配上合适的文案，短视频很容易获得更多的推荐，如图6-26所示。

图 6-24

图 6-25

图 6-26

如果你是美食类博主，你会介绍什么美食，同时加入热点话题呢？与大家分享你的创意。

6.6 项目实训——完善抖音账号并发布短视频

本章介绍了短视频发布的相关知识，本次实训先完善抖音账号，然后将制作好的短视频发布到抖音平台，结合 @ 功能，并使用话题来提升短视频被用户关注的概率。具体操作步骤如下。

①启动抖音，进入抖音主界面，点击界面下方的【我】，点击【编辑资料】，进入个人主页，根据个人情况设置即可，如图 6-27 所示。

②设置完成后，点击【 + 】按钮，进入短视频拍摄界面，点击【相册】按钮。

③打开【所有照片】界面，在下面的列表中选择需要发布的短视频，然后点击【下一步】按钮。

④进入短视频剪辑界面，由于该短视频已经剪辑完成，这里直接点击【下一步】按钮即可。

⑤进入发布界面，添加作品描述，本案例短视频内容为制作果茶，因此可输入文案"暖暖的午后，煮上一壶果茶，温暖你的胃！"，如图 6-28 所示。

⑥点击【# 添加话题】按钮，输入"美食"，继续点击【# 添加话题】按钮，在打开的话题列表框中选择一个播放次数较多的话题，这里选择"# 自制饮品"话题。按照同样的方法可以添加需要的话题。

⑦点击【@ 好友】按钮，弹出好友列表，选择一个好友，这里选择"四季和声"，将其添加到话题后面，如图 6-29 所示。

⑧设置完成后，点击【发布】按钮，即可将短视频发布到抖音平台。

图 6-27

图 6-28

图 6-29

思考与练习

一、单项选择题

1. 以下不属于短视频账号申请个人认证需满足的条件的是（ ）。
   A. 发布视频数≥1条　　　　　　　B. 绑定手机号
   C. 粉丝量>1万名　　　　　　　　D. 都不需要

2. 适合发布剧情类、吐槽类、搞笑类短视频的时间段是（ ）。
   A. 7点—9点　　　　　　　　　　B. 12点—14点
   C. 17点—19点　　　　　　　　　D. 21点—23点

3. 以下关于短视频封面的说法不正确的是（ ）。
   A. 封面图片要清晰　　　　　　　B. 封面构图要严谨
   C. 封面文字要选对　　　　　　　D. 可以加上二维码

二、多项选择题

1. 以下关于短视频发布时间的说法正确的有（ ）。
   A. 选择固定时间发布　　　　　　B. 尽量适当提前发布
   C. 错开高峰期发布　　　　　　　D. 无规律地自由发布

2. 通过话题来制作热门短视频的正确做法有（ ）。
   A. 把握时机　　　　　　　　　　B. 敢于突破
   C. 保持观望　　　　　　　　　　D. 加入创意

3. 在清晨适合发布的短视频类型有（ ）。
   A. 剧情类　　　　　　　　　　　B. 早餐类
   C. 励志类　　　　　　　　　　　D. 健身类

三、判断题

1. 好的短视频账号名称，要简洁易记、有辨识度，要能体现出账号的定位。（ ）
2. 短视频账号申请个人认证不需要任何条件，直接申请即可。（ ）
3. 短视频封面的文字应放在最佳展示区域，不要被标题等元素挡住。（ ）

四、技能实训

1. 拍摄并剪辑一条记录学校生活的 Vlog 并为其制作封面与标题。
2. 将剪辑好的 Vlog 发布到个人短视频账号。

五、思考题

1. 短视频标题创作的三大准则是什么？
2. 适合发布短视频的时间段有哪些？
3. 常见的热点话题主要有哪几类？

CHAPTER

07

第 7 章
短视频的运营

学习目标

* ＊ 了解短视频运营
* ＊ 掌握短视频运营的基本思维
* ＊ 掌握短视频用户运营的内容
* ＊ 掌握短视频渠道推广的内容
* ＊ 掌握短视频数据分析的内容

课前思考

　　樊登读书在抖音发布的第一条短视频的内容来自樊登线下课程《可复制的领导力》的现场剪辑，几百万的播放量奠定了樊登读书在抖音的发展潜力。

　　在抖音尚未出现前，樊登读书主要使用微信朋友圈吸引用户、散发广告。传统广告宣传并没有影响樊登读书的受欢迎程度，这点充分证明了找准市场定位的重要性。樊登读书将线上短视频与各类线下活动配合，打造了闭环运营系统，实现了资源的合理配置，品牌实力获得提升并被广泛认可。

　　浏览樊登读书的短视频，会发现其短视频制作手法比较单一，剪辑特效几乎没有，镜头中的主角是一个笑容可掬的讲书人——樊登。樊登在镜头中从容自若，讲述风格稳重踏实，播出场景简单朴素，使用户每次看完短视频都有意犹未尽的感觉。高质量的内容输出，让用户在获得知识满足感的同时升华了情感认同，引起其精神共鸣，这是樊登读书获得成功的关键。可见，未来的短视频，依然以内容取胜。

　　思考题

　　1. 查阅资料并结合案例内容，分析樊登读书做短视频成功的原因。

　　2. 你认为做短视频需要运营吗，为什么？请谈谈你的理解。

7.1　短视频运营概述

短视频运营属于新媒体运营或者互联网运营体系下的分支，即利用抖音、快手、微视等短视频平台进行产品宣传、推广、营销等一系列活动。短视频运营人员通过策划与品牌相关的具有高度传播性的优秀短视频，向用户广泛或者精准推送消息，提高品牌知名度，从而充分利用粉丝经济，达到营销目的。

↘7.1.1　为什么要做短视频运营

随着互联网行业的蓬勃发展，各种各样的优质短视频层出不穷。短视频账号要想在短视频领域脱颖而出，让自己的短视频成为热门短视频，除了打造优质的内容，还要学会运营短视频，做好用户运营、渠道推广和数据分析。归纳起来，短视频运营主要有以下 5 个方面的作用。

扫一扫
为什么要做短视频
运营

1. 实现真正的用户留存

短视频运营的首要目的就是引流并转化用户，这也是营销的目标。目前，各大短视频平台都可以给企业和品牌提供一个和用户直接交流的机会；同时，也可以导流到企业官网和产品上，形成真正的流量和用户。如果短视频账号只是发布短视频作品，没有后续的运营工作，这一切都不可能实现。例如，很多不注重运营的短视频账号，在一条短视频火爆之后，很难再出佳作，从而导致获得的流量昙花一现。

因此，短视频运营的真正价值是帮助内容团队实现真正的获客和用户留存，因为流量本身是不能直接变现的，短视频账号只有获得真实有效的用户后，才可能挖掘出真正长期有效的商业模式，实现稳定变现。

2. 实现信息沟通清晰可见

短视频账号与用户之间的信息沟通是清晰可见的。用户可以通过多种方式对短视频内容或产品进行反馈，比如在评论区、弹幕区，以及后台留言等。从某种程度来看，运营的目的就是刺激用户主动反馈信息。而在这些反馈的信息里，往往包含了新选题、新的产品迭代思路、新的市场需求、新的消费需求等。对运营人员来说，这些来自用户的信息是无比珍贵的。

运营人员可以将来自用户的反馈，变成新的内容和信息再传递给用户。很多互联网产品能够快速占领市场，主要原因在于运营人员重视与用户的互动。例如，目前直播行业的火爆，很大程度就是因为主播与用户的即时交流与互动，大大提升了用户的参与感与观看体验。

用户反馈的信息对传统企业来说，也是极其宝贵的信息，以前可能需要花费巨资进行调研，或从专业信息咨询公司那里获取。

3. 使内容更具人格化与个性化

运营工作对短视频内容产品的设计大有裨益。因为运营人员和用户更好地交流，帮助内容产品在上线之后，持续发酵，产生长尾效应。每一次通过运营反馈的用户留言，以及发动的线上活动等，都可以让内容产品更具人格化与个性化，让内容产品真正被记住。

能够被大众熟知的短视频创作者都有特定的人设，当我们提到某个人时，就知道他擅长的领域，知道在这个领域，他是值得被信任的。比如抖音上某搞笑视频达人，一提到她，我们就知道她是一个集美貌与才华于一身的女子。

4. 使内容更具及时性

短视频运营依靠团队的力量，在精细化运营的作用下，短视频的内容产品会变得更具弹性。因此，在遇到热点事件以及一些偏资讯类的内容时，运营人员可以实现即时的市场和用户需求反馈。

在互联网上，你越比别人更快地接收某些信息、对信息的反应越敏感，反馈给用户的信息速度越快，你所获得的流量红利可能就越大。

5. 有助于获得一手数据

如果短视频创作者完全根据自己的喜好来创作内容，或者一味追求"创意研发""热门内容研发"，那么很有可能白白投入，甚至陷入闭门造车的困境，导致创作的作品无法引起用户共鸣，收效甚微。

绝大多数短视频平台都有后台数据系统，能够清晰地展示各项数据。短视频创作者需要通过运营及时获取来自渠道、用户、市场、客户等各方面的数据。这些通过运营获得的一手数据，才是市场里最具价值的数据。它们的真实性和有效性，可以帮助短视频创作者看清市场的很多变化，从而明确产品定位，真正提高市场竞争力。

课堂讨论

请以你最喜欢的短视频创作者为例，分析其是如何开展短视频运营工作的。

7.1.2 短视频运营的基本思维

扫一扫
短视频运营的基本
思维

互联网的高速发展，让短视频也到达了前所未有的高度，短视频凭借着"短、平、快"的特点迅速占据着大众的碎片化时间。如今的短视频行业竞争非常激烈，不是简单发短视频就能吸引用户，而是需要运营好短视频。想做好短视频运营，第一要务就是了解短视频运营的七大思维，如图 7–1 所示。

1. 流量思维

吸引流量是短视频运营的最初目的，因此想做好短视频运营，首先要具备的就是流量思维。拍摄制作短视频，前期要以吸引流量为核心，找到用户的关注点制作视频内容，以获取流量为首要目的，取得用户关注后才能谈后续的经营。

2. 垂直思维

有价值的短视频账号基本上都是垂直领域的账号，做垂直化的内容会增加粉丝黏性，也会让短视频账号的商业价值最大化。深耕自己的内容领

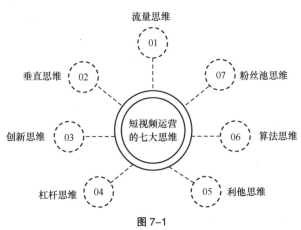

图 7–1

域，把账号的核心定位贯彻到底，提升账号的专业度，这样才会有更多的粉丝认可短视频。

关于用户，短视频创作者要通过用户画像去吸引目标用户，可以从用户共性、差异需求、场景等方面入手。当然，目标用户关注的热门内容，也会给内容创作提供很多的思路。

3. 创新思维

短视频创作者要做优质的原创短视频，短视频不能千篇一律，更不能照搬他人的创意。有创新才有突破，短视频创作者想要做优质的短视频，一定要有创新思维。短视频创作者想要得到用户的深度喜爱，就要想办法创新短视频的内容或形式，让用户有耳目一新的感受。

4. 杠杆思维

"给我一个支点，我将撬起整个地球。"这是古希腊伟大的物理学家阿基米德说的，这句话对短视频运营同样适用。

好的短视频运营，一定是有层次感的。杠杆思维，简单来讲就是先做好或做足某一件事情，然后再以此为支点，去促成更多的事情。比如要做一个活动，就先集中精力搞定其中的关键人物，然后以此为支点，去说服更多人参与。

5. 利他思维

站在短视频运营者的角度去考量，短视频运营的最终目的其实是个人利益。但是站在用户的角度来看，只有当短视频运营者给用户提供有价值的内容（对用户有帮助），并能够持续为用户输出优质的内容时，才能得到用户的关注和认可。

比如抖音现在有很多账号教新手化妆、穿搭和生活技能等，这些都能直接给用户帮助，这一类短视频是比较能吸引用户关注的。

6. 算法思维

想在平台发布热门短视频就要弄懂平台的机制，即平台的算法。例如，抖音平台就有多种算法，如去中心化、叠加推荐、挖文推荐，以及核心算法等。其中的去中心化算法，可以让用户经常停留、点赞、评论、转发等感兴趣的视频出现在用户面前。短视频运营者具备算法思维，就可利用算法机制吸引用户。

7. 粉丝池思维

短视频运营者要建立粉丝池，并且定期活跃粉丝池。粉丝是短视频运营者关注的主角，其需要提升粉丝的价值，拉近与粉丝的距离，让粉丝黏性更高。平时在发布短视频的时候多与粉丝互动，不定期派发福利，有助于留住粉丝。

7.1.3 课堂实战——短视频成功运营案例分析

抖音某知名旅行博主，已拥有两千多万名粉丝，视频点赞量达 2.2 亿次，如图 7-2 所示。

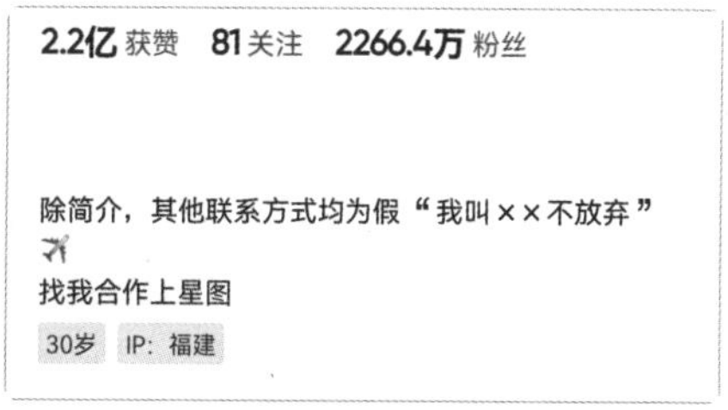

抖音的旅行博主非常多，每个人都有自己的特色，那么该旅行博主是如何成功的呢？我们一起来分析一下。

1. 清晰的定位

该博主开启自己的旅行前花了三个月的时间去梳理自己的价值，也就是自己的优势。

图 7-2

第一，广播电视编导专业让她具备了编导的基础技能。

第二，参加过《我是演说家》等电视节目，虽然很早被淘汰，但参加电视节目本身就是一种体验和经历，也锻炼了相应的能力。

第三，参加过选秀，也曾是央视《美丽中华行》外景主持人，锻炼了自己的表达能力。

综合来看，她的优势是能演讲、能主持、能写稿，还具有编导能力，这些都是她做短视频的优势。

确定自己的优势后，就需要确定短视频的定位及方向。

她的内容有很强的特色——美景+美文。

因为她的摄影师学习的专业是灯光摄影，所以她的摄影师拥有一定的摄影能力，再加上她的文案能力，两人组合刚好具备了一个短视频创作团队所需的要素：策+演+摄。因此，她的视频从画面到文案内容都有一定的水准。

2. 吃苦的能力

这里的吃苦的本质是长时间聚焦于一件事，以及在长时间聚焦的过程中，放弃无效社交、无意义的物质消费，以及忍受不被理解和孤独等。

一年365天，这位旅行博主大概有350天在路上，平均一天一个文案，两天一条视频，持续了三年！为了等待最美的日出，三四点钟就起床；为了拍摄一个无人的夜景，等到游客全部走完。晚上回来还要坚持把明天的文案补上，该博主在飞机上也抽时间剪辑，抽时间还要写书。其发布的短视频如图7-3所示。

3. 强大的自制力

自制力，来源于自我价值的肯定，是指掌控自己的本心，制定目标，并严格执行。

想要成为一个优质的短视频创作者，首先要拥有强大的自制力，守住本心，保持本色，践行积极向上的价值观，做真实的自己。当然，在坚守本心与商业变现之间一定会有矛盾，但只要坚守自己的初心，也可以使二者得到平衡。

该博主现在的短视频恰到好处，有自己的所思所想，也比较真实。图7-4所示为其作品截图。

图7-3

图7-4

7.2 短视频用户运营

用户运营是指以用户为中心，遵循用户的需求，设置运营活动与规则，制定运营战略与运营目标，严格控制实施过程与结果，以达到预期所设置的运营目标与任务。用户运营也可以简单理解为，依据用户的行为数据，回馈与激励用户，不断提升用户体验和活跃度，促进用户转化。

扫一扫
短视频用户运营

7.2.1 短视频用户运营目标

用户运营的核心目标主要包括拉新、留存、促活、转化。在短视频行业，一般用户运营围绕这四个核心目标展开。

1. 拉新——不断获取新用户

"拉新"即获取新用户，扩大用户规模。短视频账号只有不断吸引新用户停留观看，才能获取新的流量。新用户往往因为对短视频内容产生兴趣，发生点赞、关注、评论、转发等行为。因此，短视频创作者不仅需要创作优质内容，而且要做到不断更新，这样才能吸引更多新用户。不断拓展的新用户也是短视频创作者创作灵感的来源，二者是相互促进、良性循环的关系。

2. 留存——提高用户留存率

"留存"即让新用户留下来。新用户可能会因为受到某条短视频内容的吸引，因而关注某短视频账号；当然，用户也可能会因为后续短视频账号不能持续为他们提供感兴趣的内容而取消关注，这样就会导致用户大量流失。因此，围绕留存进行的一系列工作是拉新之后的运营重点。毕竟，留得住用户才能展开后续的运营活动。

3. 促活——提高用户活跃度

"促活"是指使用户活跃起来，成为活跃用户。当用户留存率稳定之后，接下来要做的就是促活。做好促活工作，提升用户的黏性、互动性、忠诚度是短视频创作的基本原则和工作重点。短视频创作者可以根据短视频内容来设计与用户的互动环节，不断加强用户的参与感，提升用户的积极性。例如，某短视频运营者坚持在每期短视频发布后回复粉丝留言，以简单的方式保持用户活跃度，这种方式值得借鉴。

4. 转化——有效提高转化率

"转化"是指利用优质的短视频内容，将粉丝转化为最终的消费者。无论是广告植入、内容付费、直播带货，还是电商引流，将流量成功变现才是运营工作的最终目的。目前大多数的短视频创作者，在粉丝达到一定数量后，都会通过广告植入、直播带货等方式将粉丝转化为消费者，实现商业变现。

小贴士

以上4个目标是相互关联的，用户规模是实现商业变现的基础，拉新和留存是为了保持用户规模最大化，促活是为了提高用户活跃度、黏性和忠诚度，而用户和创作者之间的信任关系又是促成最终转化的关键动力。不同阶段的运营侧重点不同。例如，在萌芽阶段，拉新工作是重中之重，而当用户达到一定规模时，运营人员则需要考虑促活和转化问题。

课堂讨论

你知道哪些在运营方面做得很好的短视频账号，分享一下该短视频账号好在哪里。

7.2.2 借势涨粉，吸引用户关注

在萌芽阶段，运营工作的首要目标就是拉新，即吸引用户关注，培养第一批核心用户。具体的拉新方法主要有以下几种。

①以老带新。以老带新是萌芽阶段有效的拉新方式之一，即通过已有的大号协助推广，引流到新的账号，有助于累积第一批种子用户。

②借助热点。借助热点不仅可以有效节约运营成本，而且能大大提高短视频成为热门内容的概率。尤其是借助官方平台推出的热点话题，可大大提高萌芽阶段短视频的曝光率；合理利用短视频平台算法推荐机制，抓住时机借助热点，完成流量的原始积累并不是难事。

③合作推广。在资金允许的前提下，寻求大号合作推广，带动新账号成长，也是萌芽阶段拉新的常见手段。

获取第一批用户后，由于并不是所有的目标用户都会对这个阶段的内容感兴趣，所以会流失部分用户，这就是用户的筛选、过滤的过程。留下的是与账号内容匹配的用户，这时短视频创作者可以借助数据工具（如灰豚数据）构建用户画像。当用户画像与预想一致时，说明短视频内容和用户需求的匹配度较高，不需要大幅度调整内容。如果用户画像与预想出入较大，短视频创作者则应该思考是否需要调整短视频内容，或进行新一轮拉新，再测试结果。过滤、匹配完成后，下一步要做的就是突出自身差异化优势，从而提高用户的忠诚度。

7.2.3 稳定更新，培养用户的观看习惯

对短视频制作团队来说，第一批用户成为忠实用户之后，如何让他们养成良好的观看习惯就显得尤为重要。其中，保持稳定更新是短视频制作团队早期积累粉丝的方法之一。通常来说，保持更新频率可以从以下几个方面进行，如图7-5所示。

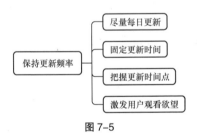

图7-5

1. 尽量每日更新

每日更新短视频在一个短视频制作团队初期积累粉丝的阶段是必不可少的，其可以快速吸引大量的粉丝。每一个短视频制作团队在开始阶段都可能会走弯路，每日更新短视频有助于在尝试不同短视频制作方向的同时，在短期内积累大量的数据以供分析。

信息爆炸时代，各种新鲜事物层出不穷，如果短视频创作者长时间不推出新的短视频，就可能被粉丝遗忘。每日更新短视频可以保持账号的活跃度，培养用户的观看习惯，避免被粉丝遗忘。

2. 固定更新时间

在固定时间更新短视频，可以给予用户一定的暗示，使用户准时上线观看短视频。长时间

下去，用户就会形成定时观看的习惯，甚至很多用户产生了"催更"心理，并会在评论区留言。用户催短视频创作者更新短视频，体现了用户期待好的内容。在这个基础上，短视频创作者保持更新频率就能够很好地吸引用户，让用户形成观看习惯。如果无法保证每日更新短视频，短视频创作者可以间隔一两天或者每周发布一次短视频，但要在固定的时间发布。

3. 把握更新时间点

相关数据统计表明：同一类型的短视频互动数据差异明显，同一个账号在不同时间发布的短视频数据表现差异很大。由于用户活跃时间不同，短视频内容的发布时间与最终数据呈现之间也有着密不可分的关系。一般来说，在用户活跃高峰期发布的短视频，相对来说成为热门内容的概率更大。找准发布时间，往往会取得事半功倍的效果。图 7-6 和图 7-7 分别为某两位抖音博主发布短视频的时间以及互动数据，他们发布短视频的时间基本在用户活跃高峰期。

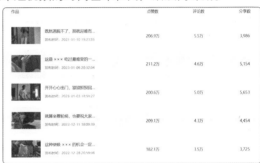

图 7-6　　　　　　　　　　　　　　　　　　图 7-7

4. 激发用户观看欲望

如果短视频的更新周期及更新时间固定，那么一旦到了时间，用户就会想起短视频更新了，从而养成固定收看短视频的习惯。短视频创作者在给予用户暗示的同时，还要注意满足用户的需求，如果更新的内容无法满足用户，那么就很容易失去用户。各大短视频平台的同类短视频非常多，想要将用户牢牢地抓住，短视频账号必须有自己的独到之处，所以，在短视频内容的编排上要注重创新，短视频创作者尽量保持创作的短视频在同类短视频中的优势和不可替代性。

↘7.2.4　加强互动，提高用户活跃度

短视频用户运营应该重视提高用户的活跃度。活跃度高、黏性强的用户更容易变现。而提高用户活跃度、黏性较好的方法就是与用户进行良好互动。

1. 选择互动性强、讨论度高的话题内容

美食类短视频账号，可以满足上班人士做快手菜的需求；健身类短视频账号，可以教大家无器械健身，或者在办公室健身；时尚类短视频账号可以介绍一些实用性强的日常穿搭技巧等。这些选题比较能够引起用户共鸣，可以大大地提高用户参与互动的积极性。短视频创作者还可以结合热点话题和普遍存在的社会现象，选择讨论性强的话题。例如，抖音某广播电视台官方账号发布了一条山东威海下雪的视频，点赞量达 262.1 万，如图 7-8 所示，众多用户在评论区发表自己的看法，评论数达 16.8 万，如图 7-9 所示。

2. 标题引导

短视频创作者可以利用短视频标题引导用户评论，促进互动。例如，短视频创作者制作一条在家吃火锅的短视频，可以在标题中加入互动的话："大家吃过最好吃的火锅蘸料是什么？欢迎大家在评论区留言互动"，或者短视频创作者在制作有关甜粽子与咸粽子的短视频时，在标题中加入"大家喜欢吃甜粽子还是咸粽子"的表述，这样可以引导用户留言，促进互动、评论。

3. 评论区互动

评论区是一个互动的空间，用户可以留言，短视频创作者也可以回复留言。短视频创作者可以通

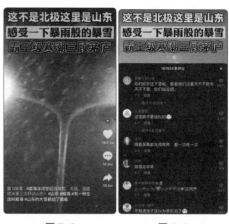

图 7-8　　　　　　　图 7-9

过回复、点赞评论区的留言，拉近与用户之间的距离，增强亲切感。需要注意的是，短视频创作者要及时回复留言，因为随着时间的流逝，用户的期待值会慢慢降低。用户在评论其喜欢的短视频时是抱有期待的，实际上这是一种渴望被关注、被尊重的心理。如果短视频创作者能及时回复，用户就会产生一种被尊重的感觉，从而转化为活跃用户。如果评论太多，难以逐一回复，短视频创作者可以选取具有代表性的问题专门制作一期短视频来回答。短视频创作者还可以置顶高质量的评论，引发用户讨论。

4. 私信互动

有时候用户会选择通过发送私信的方式向短视频创作者提一些问题或是分享一些事情，尤其在教程类、技巧类、分享类或者是旅游类的短视频中比较常见。短视频创作者看到之后要及时回复这些用户的留言，还可以在征得用户同意之后将私信的内容发布到平台上，这样其他用户看到之后也可能会做出同样的行为，从而使短视频创作者与用户形成良性的互动。

7.2.5　建立社群，增强用户黏性

社群运营是指将群体成员以一定的纽带联系起来，使成员之间有共同目标、保持交往，形成群体意识，并形成社群规范。社群运营就是把短视频平台的公域流量引入自己的私域流量池。建立社群比较常见的方式是在有共同兴趣爱好的一群人中，如在喜欢玩游戏、旅游、写作和学习剪辑软件的群体中建立社群。短视频创作者可以根据短视频账号内容建立社群，如"游戏交流群""旅游交流群""写作交流群"等，一般用户在网上遇到与自己爱好相同的社群时会尝试加入，这样短视频创作者就有了自己的专属流量池。大家可以在社群里沟通和交流，也可以通过社群了解和学习更多相关领域的知识，所以社群用户的黏性更强，忠诚度也比较高，后期变现也就更加容易。社群也可以开展线下交流会等，以此来扩展流量池。

需要注意的是，社群运营的目的是把真正有需求的人集中在一起，然后进行精细化的运营。所以在投放流量的时候，短视频创作者要注意对流量进行分层和沉淀，这是实现社群运营的有效方法。

↘ 7.2.6　课堂实战——使用个人账号与粉丝互动

大部分的用户在观看短视频时都喜欢看评论,评论有时比短视频本身还要精彩,成了短视频内容的重要组成部分。评论越多,短视频的热度也就越高。本次实战中使用个人账号与粉丝互动。

评论区是一个互动的空间,短视频创作者可以通过回复评论与粉丝互动。想要引起粉丝评论,短视频中应留下能够引起话题的种子,规划用户的评论风向,让用户跟着节奏走,这可以称为"预埋梗"(或彩蛋)。"预埋梗"不仅有助于提高评论率,还有助于提高完播率,因为用户花时间在留评论和看评论上,停留时间自然也就变长了。下面介绍几种"预埋梗"的方法。

(1)在短视频或短视频标题里"埋梗"

①在短视频里设置一些无关紧要的内容等,容易激发用户的纠错心理,从而留下评论。当然,错误不宜多,否则会让用户认为短视频质量不佳。

②在短视频中提出问题,引导用户在评论区发表看法以及寻找答案。

③扩大用户范围,如在短视频中点评3位歌手的唱功,那这3位歌手的粉丝很可能会被吸引来评论。

(2)选择容易产生争议的选题

"一千个人心中有一千个哈姆雷特",每个用户的认知或理解不同,所以对每条短视频都会有不同的观点。当他认同短视频创作者的观点时,可能点个赞表示认同就划过去;但当他反对短视频创作者的观点时,可能就会反驳,直接在评论区中提出相反的观点。

(3)自己评论

在短视频发布之后,短视频创作者可以用自己的抖音"小号"发布2~4条评论,如质疑短视频观点、调侃短视频中的细节、犀利提问等,吸引用户关注评论区甚至直接参与话题讨论。

7.3　短视频渠道推广

发布完短视频之后,下一步的运营工作就是要推广短视频。要想通过短视频取得理想的收益,短视频创作者首先需要选对推广渠道,那么短视频推广的渠道有哪些,怎么选择适合的渠道呢?下面分别介绍。

扫一扫
短视频推广渠道
分类

↘ 7.3.1　短视频推广渠道分类

1. 在线视频渠道

在线视频渠道指一些视频网站,如爱奇艺视频、搜狐视频、优酷视频、腾讯视频、哔哩哔哩等。在线视频渠道推广主要通过视频网站的知名度来吸引用户,人为等主观因素对短视频播放量的影响也非常大。

2. 资讯类平台渠道

资讯类平台是比较常见的推广渠道,适合短视频推广的资讯类平台主要有今日头条、百家号、企鹅媒体平台、一点资讯、网易新闻客户端等。资讯类平台通过自身系统的推荐机制来分配推荐量，这种推荐算法机制将短视频打上多个标签并推荐给相应的用户群体。

3. 社交平台渠道

社交平台是指微博、微信、QQ 等社交软件。社交平台是人们社交的工具，方便人们结识更多兴趣相同的人，其特点在于传播性比较强，用户的信任度比较高。社交平台渠道是短视频的重要推广渠道。

4. 短视频平台渠道

在移动互联网时代，短视频传播已经是人与人沟通、品牌与用户沟通的重要方式之一。目前短视频平台很多，如抖音、快手、微信视频号、西瓜视频、美拍等。短视频账号通过短视频平台推广短视频，可以获得较高的播放量和曝光量。

课堂讨论

你更喜欢通过哪种渠道浏览短视频？说说你选择这种渠道的原因。

↘ 7.3.2 选择合适的推广渠道

面对不同的短视频推广渠道，你应该怎么选择合适的渠道进行推广呢？可以参照以下三点。

1. 平台特性

不同的平台有不同的特性，特性与用户群体挂钩。例如，抖音的用户中，一、二线城市的年轻用户偏多，所以潮流、时尚类的短视频更加适合投放在抖音上；游戏类、动漫类的短视频更适合在哔哩哔哩投放；等等。短视频创作者在选择推广渠道之前，要确定账号的定位、标签，以及面向的用户群体等，这些确定以后，才能找到最适合的推广渠道。

2. 平台规则

每一个平台都有自己的规则，所以短视频创作者要按照平台的规则制作内容，这样不仅不容易违反平台规则，还会得到更多的推荐。例如，抖音采用去中心化算法，即智能分发、叠加推荐、热度加权；与抖音的"以内容为中心"不同，快手的算法注重社交，以人为核心，以人带内容。

3. 拓展渠道

运营一段时间且有一定的粉丝基础之后，短视频创作者需要考虑拓展渠道，把内容发布到更多的渠道，扩大影响力，这样做是为了尽量不依赖某一个平台。多平台投放可以有效覆盖多元的粉丝群体，并且还能获得更高的曝光量。

知识拓展

2018 年 6 月 1 日，抖音企业号认证平台正式上线，符合认证条件的企业均可申请企业号。企业号申请成功后，会增加"蓝 V"标志。2019 年 9 月 1 日，快手也上线了企业认证服务平台。

　　运营人员在运营企业号之前，要清楚地了解企业号与个人号在运营上的差异，这样才能达到更好的运营效果。企业号与个人号的差异主要体现在以下两个方面。

　　（1）核心目标

　　不管是企业号还是个人号，运营人员都要注重获取粉丝和流量。不同的是，运营个人号要把精力更多地放在提高播放量和个人影响力方面，而运营企业号更关注以下两个方面。

　　①曝光品牌。运营企业号更注重为品牌造势，提高品牌的曝光度，让更多的用户了解品牌，提高用户对品牌的认知度。

　　②获取精准粉丝，促进销售。尤其是一些电商企业，可以通过推广短视频获取忠实用户，并促使这些用户进一步消费，购买本企业产品。

　　（2）内容策划

　　由于企业号与个人号在运营的核心目标上存在差异，所以两者在短视频内容策划方面必然也存在差异。一般来说，企业号的内容策划要考虑以下两个方面。

　　①企业号应该更多地围绕企业品牌宣传，如实现品牌和产品的软植入，通过创意故事展示品牌产品的特色等。

　　②通过内容策划确定短视频内容，以此为依据选择合适的内容宣传渠道。

7.3.3　课堂实战——将抖音短视频推广到微信朋友圈

　　短视频的内容再好，如果不努力做好营销推广，短视频的曝光率就无法得到保障。只有覆盖更多的平台，短视频成为热门内容的可能性才会更高。要想最大限度地推广短视频，让更多的用户看到短视频，短视频创作者可以利用平台的分享功能，将短视频分享到尽可能多的平台上，让其面对更多的用户群体。

　　微信作为社交平台，拥有庞大的用户数量，而微信朋友圈更是人们日常社交的主要阵地，因此微信朋友圈可以作为短视频分享的主要渠道。短视频创作者可以在微信朋友圈中发布短视频，引起朋友的关注和转发，达到推广的目的。当然，微信朋友圈推广也不能太频繁，否则容易被微信好友屏蔽。

　　本次实战以抖音为例，将抖音平台的短视频分享到微信朋友圈，具体操作步骤如下。

　　①在抖音主界面中点击【我】按钮，在【作品】选项卡中点击需要分享到微信朋友圈的短视频作品。

　　②打开短视频，点击右下角的【…】按钮，展开转发和分享工具栏，点击【保存本地】按钮，如图7-10所示。系统会将短视频自动下载到手机相册中，提示【已保存，请去相册查看】，如图7-11所示。点击【发送视频到微信】按钮，选择好友即可分享短视频。

　　③打开微信，进入【发现】界面，点击【朋友圈】，打开自己的微信朋友圈界面。点击右上角的【拍摄】按钮，展开拍摄选项，在其中选择【从相册选择】选项。

　　④打开手机相册，选择下载好的需要分享的短视频，点击【完成】按钮，进入视频编辑界面，编辑完成后，点击【完成】按钮，如图7-12所示。

　　⑤打开微信朋友圈的发布界面，在上面的文本编辑区输入文本内容，点击右上角的【发表】按钮，如图7-13所示，即可将该短视频推广到微信朋友圈。

| 图 7-10 | 图 7-11 | 图 7-12 | 图 7-13 |

7.4 短视频数据分析

对短视频进行数据分析必不可少，短视频创作者通过数据分析可以发现账号问题，以便及时调整。

扫一扫
短视频数据分析

↘ 7.4.1 数据分析的流程

短视频数据分析通常有 5 个步骤，包括明确目标、挖掘数据、处理数据、分析数据和总结数据。

1. 明确目标

短视频数据分析是为了帮助短视频团队科学制订计划，精准评估运营效果。如果短视频创作者的数据分析需求比较模糊，没有明确的目标，就会降低数据分析的有效性。因此，在进行数据分析之前，短视频创作者应当明确目标。

2. 挖掘数据

在明确数据分析的目标后，短视频创作者可以针对数据分析的目标有针对性地进行数据挖掘。数据挖掘主要从后台数据、第三方数据两方面入手。

如果在短视频平台的后台就可以找到需要分析的数据，就不需要花费过多的时间进行数据挖掘，可以直接在后台下载、复制数据。当在短视频平台的后台无法获取某项数据时，短视频创作者就需要借助相关工具，在授权后利用第三方数据工具进行数据挖掘。

3. 处理数据

短视频创作者在数据挖掘环节得到的数据是原始数据，一般无法直接使用，因此要对原始数据进行处理，获得可被分析使用的数据。数据处理通常包括剔除无用的或不相关的数据、合并相近或重复的数据、组合相关数据等环节。

4. 分析数据

数据在经过处理之后就具有了分析的价值。常见的短视频数据分析主要包括以下内容。

①流量分析。流量分析是指对短视频账号的访问量、访问时间、粉丝增量等流量数据进行分析。

②销售分析。销售分析是指对短视频平台产生的下单数量、下单金额、商品点击次数等数据进行分析。

③内容分析。内容分析是指对短视频账号的互动数据进行统计与分析，包括点击量、评论量、分享量等。短视频团队借助内容分析可以有效地对短视频的标题、内容以及推广等进行评估。

④执行分析。执行分析主要是对团队成员日常执行工作的情况进行的统计与评估，包括短视频发布频率等。短视频运营工作是否有效率，可以由执行数据反映出来。

5. 总结数据

在完成数据分析以后，短视频创作者要对数据进行总结，一般在总结数据时要重点关注团队自身的短视频营销情况、同行业企业的短视频营销情况，以及行业内的短视频营销发展趋势等数据。通过总结数据，短视频创作者不但可以全面地了解短视频营销的情况，而且可以方便地分析短视频营销结果，总结短视频营销规律，从而制定更完善的短视频营销规划。

7.4.2　数据分析平台

下面介绍两种常见的数据分析平台。

1. 飞瓜数据

飞瓜数据是一个由福州西瓜文化传播有限公司开发的，专业的短视频及直播数据查询、运营及广告投放效果监控平台，具有商品分析、竞品调研、消费者梳理、社媒洞察等功能。飞瓜数据支持切换抖音平台、快手平台和 B 站平台，其免费功能有限，大部分功能都需要付费。飞瓜数据网站截图如图 7-14 所示。

图 7-14

2. 卡思数据

卡思数据是国内权威的视频全网大数据开放平台，依托专业的数据挖掘与分析能力，为短视频创作者及广告主提供全方位、多维度的数据分析、榜单解读、行业研究等服务。在账号运营过程中，短视频创作者可以使用卡思数据的监测分析功能，对视频和话题进行监测。卡思数据可实时展示视频数据趋势、舆情热词及粉丝画像，实时跟踪话题数据动态，帮助短视频创作者了解话题的实时热度等。图 7-15 所示为卡思数据网站截图。

图 7-15

课堂讨论

请结合本节内容，分析自己的短视频账号。

↘7.4.3　数据分析的作用

短视频发布后，所有运营都建立在数据分析的基础之上。对短视频运营者来说，数据分析的意义大致可以分为以下几方面。

1. 指导短视频创作方向

在短视频创作初期，数据可以指导创作方向。短视频创作者初期选方向时尽量选择自己喜欢的领域，因为喜欢才能持续不断地输出内容。例如，短视频创作者喜欢做饭，就可以制作3~4个美食类的短视频，获得数据后，主要分析播放量和点赞量。在运营初期，短视频创作者可以通过这两个数据判断用户喜欢哪些美食类短视频，其有什么特点。例如，发布四条短视频，两条短视频介绍大菜的制作方法，另外两条短视频介绍快手菜的制作方法，发布短视频后，对数据进行分析，归纳特点，总结经验，然后在总结的基础上优化内容策划、拍摄和后期制作。这样短视频的制作方向就会越来越清晰，短视频创作者也就知道什么类型的美食、什么样的拍摄风格，以及什么样的包装和后期制作能够吸引用户。

如果短视频创作者不清楚某个领域的短视频运营难度，可以先看看同类型短视频账号的粉丝数量，大概判断这个领域短视频的竞争程度。例如，同类型短视频创作者特别多，而且粉丝数量也都很多，那说明在这个领域增加粉丝相对容易，可以尝试进入该领域。

2. 指导短视频发布时间

每个平台都有自己的流量高峰期，短视频创作者一开始就要思考怎样能在流量高峰期获得更高的曝光量。例如，在抖音上，短视频创作者可以尝试在各个时间段发布短视频，观察在哪些时间段能够获得高推荐量和播放量；而像腾讯、爱奇艺这样的平台，可能短视频刚发布时并不能马上获得较高的播放量，需要一周左右的时间才可能看到数据增长。短视频创作者还可以通过分析同类型创作者发布作品的时间，来选取最适合自己的发布时间。

选择发布时间非常重要，同样的内容在不同的时间发布，效果有时候相差很大。

3. 指导构建用户画像

短视频创作者要关注用户画像的特征。例如，男女的比例，如果女性居多，在制作内容的时候可以多从女性的角度出发，这样更能引起共鸣；还要考虑用户的年龄层次、地域分布等。短视频创作者根据用户画像得出核心用户的特征，并依据该特征进行短视频创作。

素养课堂

在大数据时代，数据分析早已不是一个岗位，而是许多从业者的核心竞争力。无论你的职场目标是什么，数据分析能力都是每一个想要快速提升自我的从业者必须具备的。无论是对企业的决策，还是对个人的职业发展，数据分析能力都是不可或缺的。

↘ 7.4.4　课堂实战——美食类短视频账号数据分析

某抖音美食类账号主要面向年轻人，风格清新，呈现亲手制作美食的过程。其反映生活甜蜜的片段让短视频的内容更具温度，1天增加粉丝竟超过100万名，成为美食类"大号"。

灰豚数据显示，该账号粉丝总数为1894.7万名，点赞总数为2.8亿次，如图7-16所示，数据表现十分抢眼。

通过查看该账号作品集，我们发现该账号的短视频主要有两个特点。一是美食制作＋故事，即内容走的是清新、温情路线，快速讲述给朋友、同学、家人亲手制作美食的过程。二是小而美的镜头＋明亮色调，除了故事感和场景感，其短视频画面色调明亮，食物色泽鲜艳，让用户有食欲。

虽然美食类账号发展空间很大，但这个赛道也会越来越拥挤。这个账号告诉我们，我们可以选择不同切入点，即使在类似的赛道上，也可以通过打造不同的风格来构建账号的差异化标签。

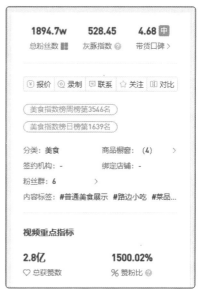

图 7-16

7.5　项目实训——发布和推广美食制作类短视频

本次实训将结合本章介绍知识，将"美味苦瓜"短视频发布到抖音短视频平台，并通过创作标题文案，以及分享到微信视频号的方式来推广该短视频。

①启动抖音，进入抖音主界面，点击【＋】按钮，进入短视频拍摄界面。

②点击【相册】按钮，选择制作好的短视频，点击【下一步】按钮。

③进入短视频编辑界面，由于该短视频已经剪辑完成，预览完成后，直接点击【下一步】按钮即可。

④进入发布界面，输入文案"美味苦瓜，营养好吃不长肉，一分钟就能学会！"。

⑤点击【＃话题】按钮，在话题列表中选择播放次数较多的话题，如"＃低卡低脂餐""＃抖音美食推荐官"等。

⑥点击【＠朋友】按钮，在好友列表中选择一个好友。设置完成后，点击【发布】按钮，即可发布短视频。

⑦打开微信朋友圈界面。点击右上角的【拍摄】按钮，展开拍摄选项，在其中选择【从相册选择】选项。打开手机相册，选择下载好的需要分享的短视频，点击【完成】按钮。

⑧进入视频编辑界面，由于微信朋友圈有视频时长限制，所以想要发布完整的视频，需要使用微信视频号。点击右上角的【用视频号发完整视频】，进入视频号发布界面，添加描述及话题等内容，然后点击【发表】按钮，即可将短视频发布到微信视频号。

思考与练习

一、单项选择题

1. 短视频创作者要做优质的原创短视频，短视频不能千篇一律，指的是（　　）。
   A. 垂直思维 　　　　　　　　　　　B. 创新思维
   C. 利他思维 　　　　　　　　　　　D. 杠杆思维

2. 微博属于（　　）。
   A. 在线视频渠道 　　　　　　　　　B. 资讯类平台渠道
   C. 社交平台渠道 　　　　　　　　　D. 短视频平台渠道

3. 以下不属于提高用户活跃度方法的是（　　）。
   A. 每日更新 　　　　　　　　　　　B. 评论区互动
   C. 选择讨论度高的话题 　　　　　　D. 私信互动

二、多项选择题

1. 用户运营的核心目标包括（　　）。
   A. 促活 　　　　　　　　　　　　　B. 转化
   C. 留存 　　　　　　　　　　　　　D. 拉新

2. 培养核心用户，吸引用户关注的方法有（　　）。
   A. 以老带新 　　　　　　　　　　　B. 私信用户
   C. 借助热点 　　　　　　　　　　　D. 合作推广

3. 以下属于短视频数据分析主要内容的有（　　）。
   A. 流量分析 　　　　　　　　　　　B. 内容分析
   C. 销售分析 　　　　　　　　　　　D. 执行分析

三、判断题

1. 不管是企业号还是个人号，运营人员都注重获取粉丝和流量。（　　）
2. 在短视频平台的后台获取的数据一般可以直接使用，不需要处理。（　　）
3. 流量分析是指对短视频平台产生的下单数量、下单金额、商品点击次数等数据进行分析。
（　　）

四、技能实训

1. 选择一条发布过的短视频，将其推广到自己的微信朋友圈。
2. 选择自己喜欢的某个短视频账号，任选三个方面对其进行数据分析。

五、思考题

1. 简述短视频拉新的具体方法。
2. 简述提高用户活跃度的方法。
3. 简述数据分析的作用。

CHAPTER

08

第 8 章
短视频的商业变现

学习目标

* 掌握短视频广告变现的内容
* 掌握短视频电商变现的内容
* 掌握短视频用户付费变现的内容
* 掌握短视频直播变现的内容

课前思考

鸭鸭羽绒服是国产服饰品牌，成立于 1972 年，线下店铺遍布全国。2021 年 9 月，鸭鸭羽绒服入驻快手。截至 2023 年 5 月 "鸭鸭羽绒官方旗舰店" 账号的粉丝量已经超过 130 万。在抖音上，鸭鸭羽绒服搭建了超过 10 个以上的品牌账号传播矩阵，且坚持全天候直播。鸭鸭羽绒服借助在快手、抖音等平台上的短视频营销和直播营销，成为销量暴增、GMV（商品交易总额）较高、市场占有率较高的服饰品牌之一，这主要得益于以下几点。

第一，产品性价比高，适合在短视频平台销售。用户通过短视频和直播购买商品多带有一定的冲动消费心理，鸭鸭羽绒服的高性价比特点符合短视频平台用户的消费特征。

第二，搭建品牌账号传播矩阵。鸭鸭羽绒服在抖音和快手等平台布局了大量账号，这些账号不仅发布的内容不同，直播也不同步，做到了不同账号独立运营。

第三，抓准时机，多平台多账号齐发力。鸭鸭羽绒服在 2021 年 9 月入驻快手并全天候直播，发布大量短视频以导流至直播间，抓住羽绒服销售的先机，抢先一步占领一定的市场。

第四，高密度发布短视频以导流至直播间。不论是在抖音还是在快手，鸭鸭羽绒服的不同账号都发布了大量短视频用以导流至直播间，某些账号甚至每天发布 6 个以上的短视频。

思考题

1. 结合案例内容，谈谈你对线下品牌加入短视频领域的理解。
2. 你还知道哪些线下品牌通过短视频成功变现的案例，分享出来与大家交流。

8.1 广告变现

广告变现就是短视频创作者直接在自己的作品中植入广告，用户在观看短视频的过程中看到广告，进而产生购买行为，实现变现。广告变现是常见的短视频变现方式之一，广告形式主要包括植入式广告、贴片广告、冠名广告和品牌定制广告等。

扫一扫
广告变现

8.1.1 广告变现的形式

1. 植入式广告

植入式广告是将广告主的品牌、产品植入短视频中，让用户在观看过程中不知不觉形成记忆，进而了解广告主的产品或服务的广告类型。植入式广告主要有以下几种。

（1）台词植入

台词植入是指演员念出台词，从而把产品的名称、特征等直白地传达给用户的广告植入方式。这种方式很直接，也很容易得到用户对品牌的认同。不过在进行台词植入的时候要注意，台词衔接要恰当、自然，不要强行插入，否则很容易让用户反感。

（2）道具植入

道具植入比较直观，就是将需要植入的物品以道具的方式直接、自然地呈现在用户面前的广告植入方式。很多短视频创作者用这种方式来达到品牌宣传的目的。不过采取这种方式时，要遵循适度原则，如果频繁地给道具特写镜头，可能会让用户觉得目的性太强，引起用户的反感。

（3）场景植入

与道具植入不同的是，场景植入把品牌、产品融入场景，通过故事的描述逻辑自然而然地介绍品牌。例如，某短视频中展示了多种不同的低成本取暖场景，将各种类型的取暖产品巧妙植入。如想要在客厅或主卧等面积大的场景中使用，可以选择电油汀取暖器，它技术成熟、性价比高、运行稳定且无噪声；但如果想要在浴室中使用，可以选择欧式快热炉，它防水防潮，不过它会让空气干燥、容易上火。场景植入如图 8-1 所示。短视频创作者通过切换不同的场景，自然而然地介绍产品，产品容易被用户接纳。

图 8-1

（4）奖品植入

奖品植入是在短视频中通过发放一些奖品来引导用户关注、转发、评论的广告植入方式。这种方式也是短视频创作者经常用的一种广告植入形式，如发放某个店铺的优惠券、某个产品的代金券或者直接把某些礼品送上门等。

（5）"种草"植入

"种草"植入常见于美食、美妆、测评和穿搭类的短视频中。当用户通过观看短视频学习化妆的时候，用户会自然加深对化妆品的记忆，用户在观看短视频的过程中，如果关键意见领袖（Key Opinion Leader，KOL）对相关商品进行讲解和推荐，就会达到事半功倍的效果，从而刺激用户的购买欲望。

（6）剧情植入

剧情植入是指将广告自然地与剧情结合起来，在引导用户观看短视频内容的同时让用户看到产品的信息的广告植入方式。一般作品都会有特定的主题，在短视频的前半部分创作者应根据自身风格来叙述主题，在短视频的后半部分再进行巧妙的转换，创造情景来对后面的广告植入进行铺垫。最终，整个短视频以一种轻松、诙谐的形式展现出来，又巧妙地植入了广告。

2. 贴片广告

贴片广告指在短视频播放之前、结束之后或者中途播放的广告，其紧贴短视频内容，通过展示品牌来吸引用户的注意力。贴片广告是短视频广告中十分明显的广告形式，属于硬广告。

图 8-2

图 8-2 所示为某品牌汽车发布在微博平台上的贴片广告，右上角显示了可关闭广告的倒计时。

贴片广告主要分为以下两种形式。

（1）平台贴片：大多是前置贴片，即在播放短视频之前出现的广告，以不可跳过的独立广告形式出现。

（2）内容贴片：大多是后置贴片，即在短视频播放结束后追加的广告。

小贴士

由于短视频时长比较短，所以短视频创作者要尽量避免采用贴片广告这种影响用户体验的广告形式。如果实在避免不了，短视频创作者也可以把广告放在结尾，减少对用户体验的影响。

3. 冠名广告

冠名广告是指在短视频中加上赞助商或广告主名称进行品牌宣传，进而扩大品牌影响力的广告形式。冠名广告主要有三种形式，如图 8-3 所示。

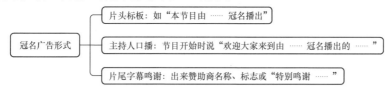

图 8-3

目前，冠名广告在短视频领域的应用还不是很广泛。一方面是因为这类广告需要企业投入较多资金，企业在平台和节目上投放这类广告时会非常慎重；另一方面是因为这种广告形式比较直接，相对而言较为生硬。很多短视频平台和自媒体人不愿意将冠名广告放在片头，而是放在片尾，以减少对自己品牌的影响，避免用户反感。

4. 品牌定制广告

品牌定制广告是指以品牌为中心，为品牌或产品量身定制内容的广告形式。这种广告形式将内容主导权下放给品牌，短视频为更好地表达品牌文化和价值服务。这种广告形式的变现更高效，针对性更强，受众的指向性也更明确，但制作费用较高。

在品牌定制广告类短视频中，主要有以下几种提升品牌影响力的方式。

（1）品牌叙事

在短视频中，品牌创始人叙述自己的创业故事，讲述其创业过程和创业理念，引起用户共鸣，使用户对创始人产生好感，从而对其创立的品牌产生更大的兴趣。

（2）场景故事化

几乎没有人喜欢看广告，但几乎没有人不喜欢听故事。因此，短视频创作者可以将品牌转化为一个元素或者一种价值主张，融入一个富有感染力的故事中，通过再现日常场景，在短视频中营造代入感，从而吸引用户的注意力，打动他们，转变其消费观念。

（3）产品展示

短视频创作者可以在短视频中展示产品的制作过程、使用技巧和相关创意等内容，从而在用户的脑海中留下深刻的印象。用户产生相关需求时，就会很自然地联想到该产品。

（4）融入品牌理念

短视频创作者可以将品牌理念融入短视频中，并贯穿始终。短视频向用户展示品牌产品，可以让用户完整地了解品牌的具体信息。

（5）制造话题

短视频创作者要想让品牌定制广告对用户产生巨大的冲击力，就必须形成有冲击力的话题。因此，短视频创作者需要搜集用户切实关心的问题，并借助短视频丰富的表达形式，有意识地制造话题，引发用户的广泛讨论。

（6）用户共创

用户共创是一种通过适当的规则和引导，由产品的使用者参与产品研发和上市的整个过程，让他们提出自己的想法的方式。这让企业在了解用户的同时，用户也能更好地传达自己的观点，实现自己的智慧价值，从而让企业与用户实现双赢。

8.1.2　广告的四大来源

1. 商家主动联系

当短视频账号的粉丝达到一定数量之后，就会有不少商家主动寻求合作。所以，短视频创作者可以在账号界面的个性签名中添加专门用于商业合作的联系方式，方便商家联系，如图8-4所示。

不过，市场上商家的可信度不一，产品质量也参差不齐，商家是否可靠、产品是否有保证等，短视频创作者需要慎重甄选和考虑，从而判断该商家是否值得合作。

图8-4

2. 官方接单平台

如果没有商家主动联系，那么短视频创作者应该去哪里接广告呢？许多平台为了促成商家与短视频创作者达成合作，推出了官方接单平台或活动。例如，抖音推出的"星图"，如图8-5所示。

这类接单方式比商家主动联系方式安全可靠，并且不会有限流、封号的危险，因为这是官方推出的功能，短视频创作者可以放心使用。官方接单平台可以拓宽短视频创作者的商业变现方式，帮助商家实现广告的精准投放，

图8-5

双方互惠互利，通常能够达成大量的商务合作。

3. 其他合作平台

除了短视频官方平台，市场上还有许多承接广告的平台，如猪八戒网等。短视频创作者可以利用自己的短视频账号注册成为流量主，填写自己的相关信息，如粉丝数量、短视频内容时长、宣传方式、报价信息等。这样，商家就可以在平台上寻找符合自己合作意向的短视频创作者进行合作。这类广告合作平台汇聚了大量的广告信息，为短视频创作者和商家提供了自主匹配、互相选择的商业合作方式。虽然平台会对商家进行考核和筛选，但短视频创作者仍要谨慎筛选合作商家，以免陷入骗局。

4. 同行推荐

广告的来源其实并不限于短视频创作者与商家之间，广告也可以来自同行的推荐。例如，某美食类短视频创作者 A 接到了婴儿辅食的广告时，发现这单广告与婴儿食品类短视频创作者 B 的用户群体更匹配，则可以将这单广告推荐给 B，从中收取一定中介费或进行资源互换等。因此，短视频创作者在运营短视频时，也要学会与同行良性互动，实现互利共赢。

8.1.3　广告变现的注意事项

广告变现中，为了提高广告的表现效果，充分发挥短视频的商业价值，短视频创作者需要注意以下几个问题。

1. 广告植入要自然

如果在短视频中植入的广告过于生硬，很容易让用户产生厌恶情绪，甚至导致用户取消关注短视频账号。因此，短视频创作者在短视频中植入广告时要充分发挥创新精神，自然地植入广告，让用户在观看短视频的过程中不知不觉地接收广告信息，从而产生购买欲望。

2. 广告内容要与账号定位相符

短视频创作者在选择广告时，要从账号的定位出发，选择与账号定位和内容风格相契合的广告主，避免出现广告内容与账号定位格格不入的情况。例如，在美食类短视频账号中，短视频创作者可以为食品、厨房用品等广告主做广告，植入美妆产品的广告就不太适合。

3. 严格把控产品质量

在选择广告时，短视频创作者要严格把控产品质量，慎选无法保证质量的产品。例如，有些产品的保质期较短，或者在运输途中极易受损，很有可能导致用户在收货后的体验感较差。对于这类产品一定要谨慎选择，以免影响账号的口碑。

4. 切勿频繁发广告

短视频创作者在短视频中植入广告一定不能因小失大，频繁植入广告很有可能导致用户的厌恶情绪，造成用户流失。正确的做法是，短视频创作者在恰当的时机以合理的方式推出优质广告，将用户体验作为追求目标，使广告变现成为短视频实现盈利的稳定方式。

8.1.4　课堂实战——分析短视频账号的广告变现方式

汽车类短视频账号的内容垂直度较高，粉丝就是目标用户，账号在提到汽车时展示车内的功能或使用场景，很可能就是在植入广告。我们通过本次实战来分析汽车类短视频账号的广告变现方式。

例如，一条短视频中展示了汽车自动停到了停车位上，如图 8-6 所示。

这条短视频采用了剧情植入的方式，将广告自然地与剧情结合起来，在引导用户观看短视频内容的同时让用户看到汽车产品的信息，很自然地宣传了某品牌汽车的自动泊车技术。

图 8-6

课堂讨论

请分享一则植入广告的短视频，说说该广告的植入方式及妙处。

8.2 电商变现

在短视频浪潮的推动下，内容电商已经成为当前短视频行业的一大趋势。越来越多的企业、个人通过发布原创内容，并凭借基数庞大的粉丝群体构建自己的盈利模式，电商便成为重要选择。短视频电商变现的方式主要有三种：第三方自营店铺变现、短视频平台自营店铺变现、佣金变现。

扫一扫
电商变现

8.2.1 第三方自营店铺变现

图 8-7

第三方自营店铺变现，主要是指将在短视频平台获取的流量引导至第三方电商平台（淘宝、天猫等）的自营线上店铺，通过售卖短视频中的同款产品实现流量变现。许多与某类行业相关的短视频账号在积累一定粉丝量之后，会选择开设第三方自营店铺进行变现。

例如，自媒体平台"一条"在短视频平台积累足够的粉丝之后，不仅在短视频平台推送优质的短视频内容，还在微信公众号发布包括图文、短视频等形式的优质内容。图 8-7 所示为"一条"微信公众号界面及推送内容。

"一条"不仅在短视频内容中软性植入商品信息，还在微信公众号上设置了"生活馆""实体店铺"等，专门销售店铺的商品，推广自己的实体店铺和 App，如图 8-8 所示。

"一条"的目标用户是追求生活品质的人群，因此其自建的"一条生活馆"电商平台主要销售高品质商品。"一条"在线上汇聚了大量优质的品牌和产品，同时其创始人仍将目标瞄准线下。对于新零售，"一条"的目标是将线上、线下打通，将线上的大量用户往线下引，同时将线下的用户转移到线上。图 8-9 所示为"一条"线下体验店。

图 8-8

图 8-9

课堂讨论

你还知道哪些成功通过第三方自营店铺变现的短视频创作者，请分享给大家。

8.2.2　短视频平台自营店铺变现

短视频平台自营店铺变现，主要是指短视频创作者在短视频平台开设线上店铺，进行流量变现。许多短视频平台为了实现自身平台的商业闭环，为用户提供了平台内的销售和购买渠道。下面以抖音平台推出的抖音小店为例，介绍短视频平台自营店铺的变现方式。

1. 抖音小店的优势

抖音小店作为抖音平台的线上平台，主要具有两大优势：一是用户在购买商品时不需要跳转至第三方平台，直接在抖音小店中即可完成消费；二是短视频创作者可以在短视频中添加商品链接，该链接将直接显示在短视频画面的左下方，用户可以边看边买。以上优势可以有效提高用户的购买率。

短视频创作者开通抖音小店以后，用户进入账号界面将会看到"进入橱窗"字样，点击该字样即可进入橱窗，如图 8-10 所示。

图 8-10

2. 开通抖音小店

抖音小店的开通步骤如下。

①打开抖音，点击右下角的【我】，然后点击右上角的【三】按钮，在打开的界面中选择【创作者服务中心】。

②在打开的【创作者服务中心】界面中点击【商品橱窗】按钮，如图8-11所示。

③在打开的【商品橱窗】界面中点击【成为小店卖家】或【开通小店】按钮，如图8-12所示。

④打开【首页】界面，点击【立即入驻】按钮，如图8-13所示。

⑤打开【小店简介】界面，用户可以看到小店简介和小店优势，选中"我已经阅读并同意上述授权及《账号绑定服务协议》"单选项，然后点击【立即开通】按钮，提交申请，如图8-14所示。

短视频创作者在申请实名认证的过程中，只需按照系统提示操作即可，其他相关内容可向抖音客服具体查询。

图 8-11

图 8-12

图 8-13

图 8-14

8.2.3　佣金变现

佣金变现主要是指短视频创作者不开设任何自营店铺，而是通过推荐或分享他人商品赚取佣金。目前，很多短视频平台都有商品分享功能，短视频创作者开通此功能后，可以在自己的短视频作品中添加商品链接，用户在观看短视频的过程中，如果对其中的商品感兴趣，就可以点击链接进行购买。短视频创作者可以从中赚取可观的佣金，不需要拥有货源就能通过卖货变现。

这种变现方式的优势在于，短视频创作者不需要存货，不需要进行店铺运营、店铺管理。简单来说，赚取佣金是一种低成本（或许只需要缴纳一定的平台保证金）的电商变现方式，在目前的短视频市场中十分常见。

抖音【商品橱窗】中的【推荐】界面，是为短视频创作者提供的推荐非自家商品（包括但不限于抖音小店、淘宝、京东、唯品会等电商平台）以赚取佣金的界面。通常情况下，该界面推荐的商品多是与短视频内容相关的商品，如图8-15所示。

图 8-15

8.2.4 课堂实战——短视频平台的选品策略分析

在短视频电商变现中，要想提高商品的转化率，除了在内容创作上有创意，选品也是一个重要的因素。本次实战我们来分析短视频平台的选品策略。

1. 借助大数据选品

短视频创作者可以使用比较专业的数据平台，如飞瓜数据、卡思数据等，查看短视频平台的电商相关数据。短视频创作者了解销量大或销量呈上升趋势的商品数据后，选择适合自己并容易推广的商品。另外，短视频创作者还可以在各大电商平台中搜索与自己垂直领域相关的商品。

2. 根据用户需求选品

选品一定要符合用户的需求，提供用户所需要的价值。抓住用户痛点的商品，不但有很高的转化率，而且利润空间也很大。抖音平台的主流用户是一、二线城市的年轻群体，他们喜欢潮流、炫酷、有创意、好玩的事物，因此快消品、新奇产品、女装、化妆品、家居日用品、宠物用品、食品等都适合在抖音上推荐、销售，如泡泡机、兔帽子等商品成了抖音热门商品。

3. 客单价要低

抖音的用户以一、二线城市的年轻用户群体为主，因此抖音平台适合销售与衣食住行、吃喝玩乐等相关的商品，如美味的食物、潮流的衣服等。这些商品的客单价较低，而且若用户领取了优惠券，客单价会更低。较低的客单价可以使用户快速做出购买决策，有时候短视频内容做得很好，但是客单价很高，用户决策的时间就会变长，放弃购买商品的可能性也就很大。

4. 加入验货群

很多店铺为了推出热门商品，会专门建立验货群。一些店铺在推广某种商品之前，会给群里的淘客提供免费的样品，供淘客试用，然后获得其使用反馈。使用反馈一般以图片或视频形式呈现，这也为淘客带货提供了素材。现在有很多店铺专门通过抖音淘客的推广获取流量和用户。抖音淘客可以关注这些店铺销量靠前的几款商品，从中选择适合自己的商品。

8.3 用户付费变现

如果短视频内容足够优质并且可以抓住用户痛点，那么在短视频中植入广告便可以在很大程度上激发用户的购买欲望。付费相当于过滤器，可以自动筛选优质内容，节约用户的注意力成本，同时让用户在完成付费行为时产生满足感和充实感。对短视频创作者来说，付费是帮助他们筛选核心目标用户、创造价值的方式。

扫一扫
用户付费变现

8.3.1 用户付费激励

在短视频行业中，一些平台为用户提供了打赏（自愿付费）功能，越来越多的用户开始为自己喜欢的短视频付费。从长远来看，付费激励是未来短视频行业十分可行的盈利模式。例如，快手、哔哩哔哩、美拍等短视频平台都开通了打赏功能，用户可以为自己喜爱的短视频赠送礼物。因此，短视频创作者可以激发用户的帮助心理，即让用户知道，他们的订阅、打赏行为是短视频创作者创作优质短视频的动力。

用户付费激励是短视频变现的一条重要途径。一条值得付费的短视频一定是有价值的，是对用户有用的，可以在一定程度上帮助用户解决生活或工作中遇到的实际问题，或者至少能让用户产生共鸣等。

一般来说，以下三种短视频更容易获得用户的打赏。

1. 垂直细分类短视频

垂直细分类短视频账号深耕某一领域，在该领域具有一定的专业性，对喜欢该领域内容的用户而言具有非常强的实用价值，所以垂直细分类短视频能够吸引某类用户的关注，使其愿意为短视频付费。

2. 生活技巧类短视频

生活技巧类短视频可以为用户解决生活中的实际问题，提高用户的生活质量。其中提到的问题多触及用户的痛点，所以生活技巧类短视频获得用户付费的概率较大。

3. 励志类短视频

励志性越强的短视频，被用户打赏的可能性就越大，因为用户可以从中看到自己的身影，会感受到强烈的精神激励。

---- 课堂讨论

你自愿为哪些类型的短视频付费？理由是什么？

↘ 8.3.2 知识付费

随着视频网站会员制度、数字音乐专辑的推出，用户为优质互联网内容付费的习惯正在逐渐养成，内容付费市场的潜力巨大。与长视频和音频相比，时长更短、信息承载量更丰富的短视频逐渐成为内容付费市场的重要构成部分。短视频内容付费的本质是让用户花钱购买特定短视频内容。因此要想让用户付费，短视频的内容必须具有价值性和排他性。短视频的内容有价值，自然有人愿意付费，而人们往往更愿意为独家的内容付费。综合来看，知识付费模式具有广阔的发展前景，其主要有以下两种方式。

1. 销售专业知识

对用户来说，短视频中知识的专业性越强，价值就越大，越值得购买。要想吸引用户付费，短视频中的专业知识还需要具备以下两个特征。

（1）关联性

并非所有的专业知识，用户都会购买。只有与用户的生活和工作紧密相关的专业知识，才能吸引用户付费。

（2）稀缺性

稀缺性意味着强大的竞争力。由于现在网络资源十分发达，如果短视频中的专业知识随处可见，那么用户产生购买欲望的可能性就很小。因此，短视频中的专业知识要有稀缺性，专业性强且具有稀缺性的知识对用户的吸引力往往会更强，用户付费的可能性就更大。

2. 销售垂直细分领域知识

短视频创作者可以聚焦某一垂直细分领域，在该领域持续输出优质内容，从而吸引对该领域感兴趣的用户。销售垂直细分领域知识，就是以细分的深度吸引相对小众的用户群体付费观看。短视频知识垂直度与细分度越高，越能吸引某一类用户群体付费。

8.3.3　会员制付费

会员制付费模式早已在长视频领域得到了广泛应用，如用户在观看腾讯、爱奇艺等平台的视频时，经常会出现付费才能观看视频完整版的情况。

现在很多短视频平台开始借鉴长视频领域的会员制付费模式。推出短视频会员制付费模式主要基于四个方面的原因，如图 8-16 所示。

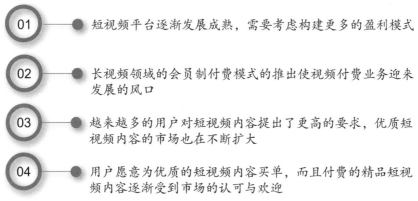

01　短视频平台逐渐发展成熟，需要考虑构建更多的盈利模式

02　长视频领域的会员制付费模式的推出使视频付费业务迎来发展的风口

03　越来越多的用户对短视频内容提出了更高的要求，优质短视频内容的市场也在不断扩大

04　用户愿意为优质的短视频内容买单，而且付费的精品短视频内容逐渐受到市场的认可与欢迎

图 8-16

 知识拓展

在短视频付费服务方面，国外的短视频公司早在 2015 年时就宣布推出会员制付费模式，而且后续得到了非常好的发展。在该模式下，会员可以观看非会员用户无法观看的优质短视频内容；会员可以保存和下载短视频内容，进行离线观看；在观看短视频时，会员还可以跳过广告，提升观看体验。

目前，很多短视频平台的知识付费模式和会员制付费模式相互融合，用户既可以选择性地只付费观看其中一条自己喜欢的短视频，也可以在购买会员之后免费观看大量的优质短视频内容。

8.3.4　课堂实战——分析某付费变现账号成功的原因

看鉴 App（简称看鉴）是一个以文史知识为主的垂直类短视频软件，其上线的付费短视频内容涵盖了人文历史、地理和奇闻趣事等，如图 8-17 所示。

相比于占据短视频市场大半江山的娱乐化内容，看鉴在获取知识方面自然是有用的。但随之而来的问题是，互联网提供给人们的选择那么多，如果用户想了解人文历史，大可以看电视、看长视频、听音频、读图文……用户为什么会为短视频内容付费呢？

图 8-17

看鉴推出了多个付费专辑，涵盖历史、民俗、地理等内容。每个专辑都有 10 条左右的短视频，每条短视频时长约 3 分钟，每个专辑的单价从 1 元到 79 元，销量也十分可观。除了提供单独购买付费专辑的选项，看鉴也提供了价值 198 元 / 年的畅想学习包，有点类似于平台的会员制，用户缴纳年费后即可享用所有的付费内容。看鉴会员的年龄以 18~35 岁为主。

对平台来说，推出单个成功的付费短视频产品并不难，难就难在如何长久稳定地输出优质内容。看鉴有超过 2000 条原创短视频，并且其更新速度能够保证在每天两条短视频、一条音频、一篇文章和一张图鉴。这得益于看鉴获得的独家版权内容，以及由专业的视频采编人员组成的内容制作团队。具有专业纪录片制作背景的团队给看鉴带来了一个优势：3000 多个小时优质历史地理文化纪录片的版权，其中不乏《河西走廊》《故宫》《帝国的兴衰》这样级别的作品。"人无我有"的重资产模式或许是看鉴收费的底气。

看鉴在人文历史垂直领域的短视频内容付费尝试，已付诸行动，至于其能泛起多大的涟漪、能否成功找到短视频变现的突破口，还未可知。

8.4 直播变现

近年来，直播的发展呈现出非常明显的增长趋势，众多知名主播的出现，以及艺人、企业家的纷纷入局，让直播成为人们喜闻乐见的内容呈现方式，也成为短视频新的变现方式，并被越来越多的人接受。

在初创期，直播的内容以及变现模式都较为单一，变现依靠用户打赏；而在成长期，以导购分成为代表的增值业务、广告业务、游戏联运业务等逐渐壮大，直播的变现模式逐渐清晰、多元化。下面介绍直播变现的主要方式。

扫一扫
直播变现

8.4.1 打赏模式

打赏模式是指观众付费充值买礼物送给主播，然后平台将礼物转化成虚拟币，最后主播对虚拟币提现，并由平台抽成。如果主播隶属某工会，则由工会和直播平台统一结算，主播获取的则是工资和部分抽成。这是常见的直播类产品盈利模式。

伴随着直播平台的升级和优化，礼物系统也更加多元化，从普通礼物到豪华礼物，再到能够影响主播排名的热门礼物、VIP 用户专属的守护礼物，以及当下流行的幸运礼物，无一例外都是为了吸引用户进一步充值，提升平台收益。

在直播中可以借鉴以下方法推动打赏模式的实现。

1. 活跃直播间气氛

主播在直播的过程中，要时刻记得活跃直播间的气氛，带动粉丝在公屏上打字，营造热闹的氛围。氛围越热闹，用户越想表达自己，也想引起主播或者其他粉丝的关注。

2. 拉近与用户的距离

主播在直播时拉近与用户的距离是关键。主播可以提前准备好相关的话题,用于与用户交流。可以寻找一些能引起用户共鸣的话题，如生活中的趣事与烦恼、影视节目、当下热点等，这样更容易拉近自己与用户的距离。

3. 满足用户精神需求

会打“感情牌”对主播来说是非常重要的。在直播过程中，主播与用户的交流方式很简单，主要是弹幕和打赏。因此主播要留意弹幕内容，对用户留言及时给予回应，以满足用户被重视和被尊重的精神需求。

4. 弹幕引导直播走向

用户与主播的交流主要依靠发送弹幕，一条有话题性的弹幕在很大程度上会影响直播内容的走向。在直播过程中，主播可以适时抛出一些弹幕问题，引导接下来的直播内容。

5. 营造用户打赏氛围

短视频创作者可以采用一些方式来激励用户对主播进行打赏，营造打赏氛围。短视频创作者可以通过一些特殊日子来增强粉丝的凝聚力，如在主播生日或直播周年纪念日这样的日子，粉丝会自然用行动献上祝福，当然礼物打赏也是少不了的。另外，平台上的官方比赛同样也是增强粉丝凝聚力的契机，每一个身在其中的粉丝都会感受到强烈的集体感，也就有了送礼物的冲动。

课堂讨论

说一说你在观看直播的过程中有过打赏行为吗，让你产生打赏行为的原因是什么。

8.4.2　带货模式

带货模式是指主播通过直播展示和介绍商品，卖货不受时间和空间的限制，并且用户能更直观地看到产品的销售模式。用户看直播时可直接购买商品，直播间可以此获得盈利。电商企业一般会采取此种模式。主播在选择产品时，可以参考以下要素。

1. 生活必需品

生活必需品是指用户在生活中肯定会涉及的产品，如米、面、油、盐等。用户对这类产品的功能需求大于对外观、款式、颜色等外在因素的追求。

2. 新颖的产品

新颖的产品不需要很高的技术支持，可能只是改变了产品的外观造型，使之更符合时尚潮流，因此新颖产品的价格并不是很高。例如，毛绒玩具、遛狗雨伞、手链充电线等。这些产品能够满足用户追求创意的需求，且消费门槛较低。

3. 优惠力度较大

直播带货的主要逻辑在于主播对产品进行展示和介绍，并通过语言的介绍，吸引用户消费。

在此过程中，产品的优惠力度越大，用户越容易消费。

4．符合用户需求

主播在带货时，一定要根据用户群体来确定产品类型，否则效果将大打折扣。例如，一位热门主播的主要用户群体是年轻女性，如果在直播间里介绍老年按摩椅，效果很可能不理想。

8.4.3　课堂实战——分析直播打赏的负面影响

近年来，网络直播已经成为许多人社交、生活的一部分。随着直播行业的兴起，也出现了直播打赏这种现象。直播打赏对主播来说是实现盈利的方式，但一些负面影响也随之而来。

一些主播想尽办法让粉丝送礼物，诱导其消费。同时，直播打赏使得一些未成年人误入歧途，影响青少年的价值观，也助长社会不良风气。

不当牟利的行为和宣传频频在网络中出现，冲击着社会心理，尤其是青少年的心理，并且给他们营造"不劳而获""一夜暴富"等虚假的现象，对于他们人生观的形成是非常有害的。未成年人由于心理、人格尚未成熟，自我约束力相对较弱，抵制诱惑、分辨是非的能力也较弱，在直播中相关人员通过语言、音乐，加上从众心理，很容易带动观看人员的情绪，在这种情况下容易导致冲动消费。

据调查显示，近三成的青少年表示自己今后想要成为一名"网红"，这与最初他们想要成为科学家、医生、老师、士兵等梦想不同。

鉴于以上直播打赏的负面影响，对网络直播的改善提出以下建议。

第一，舆论大环境方面要鼓励网民理性使用直播平台，分享有意义、正能量的直播内容，尊重知识、文化、科技。

第二，对网络直播这一新职业，监管部门要加强监管，落实有针对性的法律法规；平台也要加强对直播内容的管理，直播平台的"打赏"等功能在使用过程中要设置身份认证，避免未成年人沉迷其中，同时还要提供相应的维权渠道，维护网络生态健康发展。

而对于直播打赏的负面影响，你有什么改善建议？

素养课堂

　　自控力，即自我控制的能力，指对自身的冲动、感情、欲望施以正确的引导和控制的能力。自控，是一种负责任的体现。一个有自控力的人，能掌控自己的生活、学习、工作。强自控力的人善于控制自己的冲动情绪，做事情更有耐心和毅力，有能力面对各种挑战，并且更容易获得成功。

8.5　项目实训——分析多种短视频的变现方式

随着短视频的不断发展，短视频的变现方式也越来越多样化，如广告变现、电商变现、直播变现等。本次实训我们结合优秀案例分析短视频变现的多种方式。

1．美食博主的广告变现

抖音某美食类账号是个有两千多万名粉丝的美食类"大号"。该美食类账号发和食物有关的广告特别自然，比如有一期短视频的主题是"日式豚骨拉面"，就植入了广告，如图 8-18 所示。

在该条短视频中，如果不是主播在煮面时将品牌很明显地露出，很难仅凭煮了碗拉面来判断这是一条有广告植入的短视频。可见广告植入得还是很成功的。

图 8-18

2. 美妆品牌的电商变现

某国产美妆品牌，成立于 2017 年，主打彩妆产品。在短视频领域，该品牌以小红书的内容营销打开市场，后逐步在抖音、哔哩哔哩、快手等主流短视频平台发力，凭借博主推荐、达人"种草"、直播带货等逐渐实现全网覆盖的全方位短视频营销，使该品牌成为各内容平台上受欢迎的美妆品牌。图 8-19 所示是其在抖音的官方账号发布的短视频及旗舰店界面。

在平台的爆发期，该品牌快速抓住流量风口，依靠平台红利进行内容营销，从而提高产品销量，实现电商变现。

图 8-19

3. 服装品牌的直播变现

从 2020 年下半年起，某品牌女装进驻抖音电商，正式设立专门团队运营抖音小店。图 8-20 所示是其在抖音的直播及商品界面。

针对抖音用户所呈现的互动性强、决策快的特点，该品牌女装以每天长时间自播为切入点，沉淀精准粉丝，配合流量投放，寻找精确目标人群，同时着力优化直播内容。

品牌直播月均成交额增速达到了 78%。在年货节期间，该品牌女装更是打破了服饰品牌直播纪录，单场直播成交额高达 2800 万元。该品牌女装以优质内容为核心，领跑直播赛道，打造稳定日销。

图 8-20

思考与练习

一、单项选择题

1. 把品牌、产品融入场景，通过故事的描述逻辑自然而然地介绍品牌属于（　　）。
　　A. 台词植入　　　　　　B. 场景植入　　　　C. 道具植入　　　　　D. 剧情植入
2. 以下变现方式中属于电商变现的是（　　）。
　　A. 广告变现　　　　　　B. 带货变现　　　　C. 佣金变现　　　　　D. 打赏变现
3. 销售垂直细分领域知识，属于（　　）。
　　A. 用户付费变现　　　　B. 广告变现　　　　C. 电商变现　　　　　D. 直播变现

二、多项选择题

1. 可以提升品牌影响力的方式有（　　）。
　　A. 融入品牌理念　　　B. 制造话题　　　C. 用户共创　　　　D. 场景故事化
2. 短视频创作者获得广告资源的方式有（　　）。
　　A. 商家主动联系　　　B. 官方接单平台　　C. 其他合作平台　　D. 同行推荐
3. 以下属于广告变现形式的有（　　）。
　　A. 植入式广告　　　　B. 贴片广告　　　　C. 冠名广告　　　　D. 品牌定制广告

三、判断题

1. 内容贴片大多是前置贴片，即在短视频播放结束后追加的广告。（　　）
2. 剧情植入方式是指将广告自然地与剧情结合起来，在引导用户观看短视频内容的同时让用户看到产品的信息。（　　）
3. 冠名广告需要企业投入较多资金，在投放时需慎重。（　　）

四、技能实训

1. 选择一则植入广告的短视频，分析其广告植入方式。
2. 搜集 2~3 个直播打赏负面案例并分析其产生的影响。

五、思考题

1. 简述广告变现的注意事项。
2. 简述专业知识变现需要具备的特征。

CHAPTER

09

第 9 章
综合实战——拍摄与制作
"打工人的一天" Vlog

学习目标

* 掌握 Vlog 的策划方法
* 掌握 Vlog 的拍摄方法
* 掌握 Vlog 的剪辑方法
* 掌握 Vlog 发布与运营的方法

课前思考

Vlog（Video Blog 或 Video Log）属于博客的一种，意思是视频博客、视频网络日志。Vlog 的定义是：创作者通过拍摄视频记录日常生活，且这类创作者被统称为 Vlogger。Vlog 通过第一人称的视角去观察，去寻找一些好玩有趣的东西。通过 Vlog，观众可以了解拍摄者的生活是什么样子的。

2018 年，Vlog 概念逐渐走进中国，许多艺人、个人视频创作者开始拍摄并制作 Vlog，Vlog 也开始走进大众生活。5G 时代的到来，网速提升使用户观看体验更好，Vlog 迎来发展风口。哔哩哔哩、抖音与新浪微博分别推出了 "Vlog 星计划""Vlog 十亿流量扶持计划"，以及"在 30 天内上传 4 条以上 Vlog 即可申请'微博 Vlog 博主'认证的计划"，可见 Vlog 在国内具有一定的发展潜力，未来可期。

思考题

1. 结合案例内容，谈谈你对 Vlog 的理解。
2. 你在社交媒体上发布过 Vlog 吗？你拍摄或发布 Vlog 的初衷是什么？

9.1 Vlog 的策划

Vlog 是当下火热的网络视频形式，通过记录、剪辑与上传拍摄者生活日常的方式来增进拍摄者与观众或粉丝的交流。无论是对创作者本身的纪念价值，还是给网络频道带来的商业价值，Vlog 都是每位视频制作爱好者值得一试的形式。

制作 Vlog 的第一步是对 Vlog 进行策划，包括明确 Vlog 的内容并撰写 Vlog 分镜头脚本。

9.1.1 明确 Vlog 的内容

Vlog 的拍摄主题选择非常广泛，可以是记录居家的一天，也可以是记录一次旅行，还可以是分享一次化妆教程等，如图 9-1 所示。因此，在拍摄之前必须先确定 Vlog 的主题，拍摄者只有确定自己想要表达的主要内容，才能更精准地选择所要拍摄的对象。

下面将介绍如何制作生活 Vlog，即记录上班的一天的 Vlog。

生活 Vlog 是以第一人称的视角记录拍摄者生活中经历的事情，这类视频主要以时间、地点和事件为录制顺序，录制时间较长，往往会有几个小时甚至十几个小时，通常会记录事情的整个经过，以讲述的形式展开。

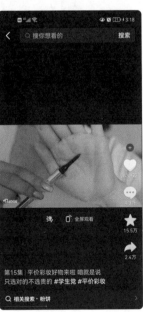

图 9-1

9.1.2 撰写 Vlog 分镜头脚本

制作 Vlog 建议提前两天开始构思，因为一个完整的 Vlog 包含了很多小细节，包括要拍摄的事件、地点、人物、道具、时间和拍摄的角度等，然后有针对性地组织分镜头脚本。

下面为记录上班的一天 Vlog 分镜头脚本，如表 9-1 所示。

表9-1 记录上班的一天 Vlog 分镜头脚本

镜号	景别	画面内容	字幕	时间
1	特写	点亮手机屏幕，显示时间	7:00 起床啦	1s
2	特写	水杯放在饮水机处接水	起床先喝一杯水	1s
3	全景	拍摄窗外的景物	天还黑着	1s
4	近景	刷牙	7:20 洗漱	1s
5	近景	擦头发	洗澡	1s
6	近景	吹头发	洗澡	1s
7	近景	早饭	7:40 爸爸做了早饭	1s
8	特写	用散粉定妆	8:00 化妆	2s
9	特写	画眼线	8:00 化妆	1.5s
10	特写	涂口红	8:00 化妆	2s
11	近景	在穿衣镜前对镜拍摄	冷冷冷 要多穿一点哦	1.5s
12	中景	小区里上班路上的景物	8:30 出门啦啦啦啦	1s
13	特写	背包放到办公桌上	8:50 到公司了	1s
14	特写	按主机开机键	8:50 到公司了	1s
15	特写	计算机屏幕，屏幕上为工作界面	8:50 到公司了	1.5s
16	近景	本人及同事坐在座位上工作	9:00 开始认真工作啦	2s
17	特写	花甲粉	12:00 下班啦 来吃花甲粉	1.5s
18	近景	本人出镜，对着镜头打招呼	13:30 回归工作岗位	2s
19	特写	指纹打卡	18:00 下班打卡 滴	2.5s
20	近景—特写	本人出镜，在穿衣镜前对镜拍摄，做几个动作	18:40 到家啦 开心 今天真的好冷哦	6s
21	特写	抚摸毛绒娃娃	安抚一下小可爱们	2s
22	特写	本人出镜，对着镜头摆造型	卸妆前臭美一下～	1.5s
23	特写	戴发带	19:40 开始卸妆啦	1s
24	特写	在脸上充分乳化卸妆油	一定要好好卸妆哦	1s
25	特写	展开面膜布，脸上贴上面膜	20:10 敷个面膜	2.5s
26	特写	调整面膜	20:10 敷个面膜	2.5s
27	近景	拍摄本人在房间	一边敷面膜一边加班工作	3.5s
28	近景	撕开零食包装吃零食	吃点小零食	1s
29	近景	在客厅沙发上吃零食看电视	20:50 跟爸妈一起看一会儿电视	4s

9.2 Vlog 的拍摄

9.2.1 准备 Vlog 拍摄工具

一个好的 Vlog 离不开合适的拍摄设备。选择 Vlog 拍摄设备时要注意以下几点。

①小巧轻便。越轻便的机器越利于随身携带。拍摄者要想在拍摄过程中及时拍到一些细节，拍摄设备一定要小巧轻便。由于拍摄者拍 Vlog 时需要长时间手持设备，所以一般不建议用单反相机，比较推荐使用微单相机和手机。

②自动对焦。Vlog 很多时候都是动态拍摄的，所以拍摄设备有自动对焦功能尤为关键。

③拍 4K 画质和升格。拍 4K 画质，可以让拍摄的短视频看起来更清晰，拥有大片感。即使上传网站时视频被压缩到 1080P，也会比拍摄时使用 1080P 的清晰很多。升格，就是每秒拍摄更多帧数的画面，这样后期进行慢动作处理时，画面依然连贯流畅。目前大部分手机都支持拍摄 4K 视频，且可以设置 60 帧拍摄。

④翻转屏。拍摄者必须通过一块可朝自己显示的翻转屏去了解自己的出镜状态，看自己是否超出了取景范围、表情控制得如何，所以翻转屏是必备的 Vlog 拍摄设备。

⑤防抖。拍摄者在拍摄的过程中经常会走动，所以一定要准备防抖拍摄设备，避免画面抖得太厉害，影响用户的观看感受。因此，拍摄者需要准备一个手持稳定器。如果是固定场景拍摄，拍摄者则需要准备一个三脚架。

⑥收音。多数情况下，手机或者相机的收音效果都比较差，人声跟环境杂音混合在一起，录制声音的效果不是特别理想，因此拍摄者可以借助专业的收音设备来收音。

小贴士

综上所述，手机的便捷性是其他设备不能比的，随身携带，随手可拍。随着手机性能的提升，现在的手机已经可以拍出不错的视频。搭配使用手持稳定器、三脚架、补光灯、收音器等设备（见图 9-2），就可以拍出一条高质量的 Vlog。

图 9-2

↘9.2.2　拍摄前的设置和准备

①确定服饰、妆容。如果是生活日常类 Vlog，服饰建议选择浅色、纯色系；可以选择化一点淡妆，当然最重要的还是要结合人设、视频剧情的需要。

②确定画幅形式。确定画幅形式即确定是拍摄横幅还是竖幅。在使用手机拍摄 Vlog 时，若要在显示器或网络上播放，则需要选择横幅；若要在手机 App 上播放，则需要选择竖幅。在拍摄一系列连续的素材时，要保持方向一致，不能中途改变。

③启用网格参考线。使用手机拍摄时，利用网格参考线可以更容易地形成简单的构图，拍摄出更符合审美要求的 Vlog。

在安卓系统中打开网格参考线，需要进入相机的【设置】界面，如图 9-3 所示。在 iOS 中打开网格参考线，需要进入手机的【设置】界面，打开【相机】界面后开启网格功能，如图 9-4 所示。

图 9-3

图 9-4

④调整分辨率、帧率。为了保证拍摄质量，拍摄前拍摄者需要在手机中设置拍摄短视频的分辨率和帧率。无论是安卓系统还是 iOS，默认的视频分辨率都是 1080P 的高清模式。视频帧率则默认是 30 帧 / 秒或 25 帧 / 秒。若后期制作短视频时需要添加更多的效果且需要保证画质无损，建议在前期拍摄时将视频的帧率调整为 60 帧 / 秒。

在安卓系统中调整视频分辨率和视频帧率，需要进入相机的【设置】界面，如图 9-5 所示。在 iOS 中调整分辨率和帧率，需要进入手机的【设置】界面，打开【相机】界面后对【录制视频】进行设置，如图 9-6 所示。

⑤调整光线。确定人物入镜的角度、光线，尽可能在光线充足的情况下拍摄，如果在室外拍摄，尽量在日光充足的白天进行。

⑥保证电量充足。使用手机拍摄，很容易出现电量不足的情况，这样会严重影响拍摄计划或进度。拍摄者在拍摄前应保证手机电量充足，保险起见还可以带上移动电源。

图 9-5　　　　　　　　　　　　　　　　　图 9-6

9.2.3　进行 Vlog 拍摄

随着移动设备的普及和网络的提速，越来越多的人选择使用手机拍摄 Vlog。用手机拍摄视频很简单，无论是安卓系统（见图 9-7）还是 iOS 系统（见图 9-8），只需打开手机的相机界面，然后切换到视频模式，单击录制按钮即可。

图 9-7　　　　　　　　　　　　　　　　　图 9-8

下面重点讲解在拍摄 Vlog 时应注意的事项和小技巧。

①保持画面稳定。拍摄视频与拍摄照片有明显的区别，视频具有连续性，所以在拍摄时要尽量保证镜头的稳定性，不要过度摇晃镜头，以便后期的处理和制作。而手机体积较小、重量较轻，在拍摄时不易保持稳定，需要使用手机稳定器和三脚架等辅助拍摄；也可以将手肘靠在躯干上，以达到一定的稳定效果。

②利用好前置摄像头。如果自拍，最好使用手机前置摄像头，这样可以及时了解自己的表演状态，看自己是否超出了取景范围，以及表情控制得如何等，便于及时进行调整。在录制过程中出错没关系，录制可以继续进行，后期可以剪辑。

③拍摄素材要完整。拍摄人员要尽量多拍摄视频素材，不要遗漏重要环节，以保证视频整体的故事性。这样可以避免剪辑的时候没有素材可用，最终只能勉强拼凑 Vlog。

④使用运镜技巧。运镜技巧可以让短视频具有质感，更有吸引力。拍摄 Vlog 时可以使用的运镜技巧有以下几种。

第一，移动摇镜：手机横、竖移动，前后推拉或者甩来展示主体周围的环境、细节或者状态。

第二，一镜到底：拍摄前往目的地的路上景物，剪辑时搭配停顿的慢镜头，节奏感会更强。

第三，跟随镜头：跟随主体旋转，或者跟拍移动主体，拍摄设备移动的时候一定要保持稳定。

⑤拍摄者在镜头中要有所讲述，以此来推进事件的发展，语言要简洁易懂，能够清楚地描述事件即可。

9.3 Vlog 的剪辑（剪映）

扫一扫
Vlog的剪辑（剪映）

剪辑人员在剪辑短视频之前，首先要确定剪辑思路，这会直接影响作品的质量和剪辑效率。

下面介绍 Vlog 的剪辑思路。

①保证内容的连贯度。一条 Vlog 简单地说就是视频创作者对个人一天或几天内发生的事情的压缩、整理与总结，这类视频需要有完整或相对完整的故事线。例如，可以遵循时间顺序来剪辑素材：早上的素材—中午的素材—夜间的素材。或按照因果关系来剪辑素材：结尾的素材（显示有趣的结果）—起因的素材—故事发展中的素材。具备完整故事线的 Vlog 能让观众更好地与视频创作者达成情感层面的交流，从而让观众的思维跟着视频故事走。

②遵循减法原则。剪辑人员会面对大量的视频素材，剪辑时要遵循减法原则，在现有素材的基础上尽量删减没有意义的片段，同时保证视频整体的故事性。例如，删减忘词、冷场、尴尬、拖沓等部分，使出镜者的每一句话都能推动情节的发展。如果视频进行到比较无聊的环节，剪辑人员可以添加一些空镜头或创意片段来增加趣味性。如果视频整体时长较长，剪辑人员就要通过分阶段的方式进行剪辑，把一整段视频划分为几个小部分，让每一个小部分都递进式地推进故事情节的发展。

 知识拓展

空镜头（scenery shot）又称"景物镜头"，常用以介绍环境背景、交代时间和空间、抒发人物情绪、推进故事情节、表达作者态度，具有说明、暗示、象征、隐喻等功能，在影片中能够起到借物喻情、见景生情、情景交融、渲染意境、烘托气氛、引起联想等作用。

但是也不要加入过多的空镜头。Vlog 的主要目的是视频创作者分享所见所闻给观众并与其进行思想沟通。过多或过长的无意义空镜头会分散观众的注意力，从而减弱观众继续观看的欲望。试想，如果你看了一条十分钟的Vlog，有三分钟是系鞋带，两分钟是无对话走路，你会有兴趣把它看完吗？该舍弃的部分就要舍弃，让视频输出有价值的内容。

③控制视频时长。Vlog 虽然是生活纪实类的视频，但它并不意味着涵盖一切镜头。除非生活的每一秒都是激动人心的，否则不建议将过多的无意义镜头放入 Vlog 之中。

④保留画面的真实度。很多人在剪辑 Vlog 时会过度注重自己的形象，会剪掉很多好玩有趣的出糗镜头。但事实上，这些镜头观众是想看到的。需要注意的是，这一现象不是因为观众爱看别人的糗事，而是因为这些意外的镜头往往就是 Vlog 故事性的支点，也是吸引观众看完整个Vlog 的关键点。所以 Vlog 可以模仿一些真人秀类的综艺节目，把好玩的部分留下，把无意义的部分舍去，这样才能制作出一条播放量还不错的 Vlog。

⑤配音配乐要合适。配音配乐需要根据 Vlog 的内容而定，如果是日常生活类 Vlog，收录同期声就好，可以不使用背景音乐；若想要烘托氛围，可以选择轻柔一点的配音配乐。

⑥画面质量要高。视频画面的基本元素不符合要求的情况有很多，如画面过度抖动（容易引起观众眩晕），画面过暖或欠曝，画面的色彩不具备吸引力等。虽然 Vlog 对画面曝光的准确性和色彩的丰富度的要求没有电影那么高，但是当前全网 Vlog 创作者的整体水平越来越高，用户也已经习惯了高质量的 Vlog 作品，所以如果一条 Vlog 的外观或包装不出众，甚至不合格，与其他视频相比竞争力就会小很多，从而导致这条 Vlog 播放量很少。

下面主要介绍 Vlog 的剪辑，以帮助读者进一步巩固短视频剪辑技巧。

↘ 9.3.1　整理视频素材

①观看一遍拍摄好的素材，筛选所需素材，将所需素材放在同一文件夹下，并按照脚本镜号排序，方便剪辑，如图 9-9 所示。

②本案例需使用手机上的剪映 App 剪辑视频，将整理好的视频素材导入手机中备用。

③打开手机剪映 App，启动剪映。进入剪映主界面，点击【开始创作】。进入选择视频界面，按镜号排序选择准备好的视频素材（在剪映时间轴中会按照选择的顺序排列视频素材），然后选中【高清】单选项，点击【添加】按钮，如图 9-10 所示。

图 9-9

图 9-10

↘ 9.3.2　修剪视频

1. 粗剪

对视频素材进行粗剪可以使用 4 个基础操作：拖动、分割、删除和移动。

①进入剪辑界面，在时间轴中选中需要剪辑的素材，当前素材会显示白色的边框，如图 9-11 所示。拖动素材白色边框的左侧或右侧，即可对视频素材进行裁剪或恢复，如图 9-12 所示。

②如果不想要视频素材的中间某一部分，可以选中视频片段，将时间指示器指针移至视频的相应位置，点击下方工具栏中的【分割】按钮，如图 9-13 所示，即可在时间指示器指针位置将视频分割为两段。

③对于分割出来的不需要的视频片段，在时间轴中将其选中，然后点击工具栏中的【删除】按钮，如图 9-14 所示，将选中的视频片段删除。

图 9-11　　　　　　　图 9-12　　　　　　　图 9-13　　　　　　　图 9-14

④在时间轴中长按视频素材不放，时间轴中的所有素材就会变成图 9-15 所示的小方块，通过拖动小方块的方式可以调整视频片段的顺序。

通过以上 4 个基础操作就可以完成对所有视频片段的粗剪操作。

2. 精剪

在视频剪辑界面的时间轴区域，通过两指分开操作，可以放大时间轴大小，如图 9-16 所示，进而可以对时间轴中的素材进行精剪。但是剪映 App 支持的最高剪辑精度为 4 帧，对小于 4 帧的画面是无法进行分割操作的，如图 9-17 所示。

图 9-15　　　　　　　　图 9-16　　　　　　　　图 9-17

↘ 9.3.3　添加滤镜

①点击下方工具栏中的【滤镜】按钮，如图9-18所示。

②打开【滤镜】选择界面，点击【人像】，选择【裸粉】，然后点击【√】按钮，即可添加裸粉滤镜，如图9-19所示。在时间轴中拖动滤镜的左右两端，可以调整滤镜的应用范围，将其应用于整个视频，如图9-20所示。

图9-18　　　　　　　　图9-19　　　　　　　　图9-20

↘ 9.3.4　设置转场特效

①点击任意两个视频片段中间的【转场】按钮，如图9-21所示。

②打开【转场】选择界面，点击【叠化】，选择【叠化】，调整持续时间为【0.3s】，点击【全局应用】按钮，点击【√】，如图9-22所示，即可将叠化转场应用到全部转场中。

图9-21　　　　　　　　图9-22

9.3.5　添加字幕

①将时间指示器指针移至需要添加字幕的起始位置,点击工具栏中的【文字】按钮,如图9-23所示。然后点击【新建文本】按钮,如图9-24所示。

②输入文字内容,选择合适的样式,然后设置文本格式、字号等,点击【√】按钮,如图9-25所示。在时间轴中拖动字幕的左右两端,调整字幕的长度。

③选中字幕,点击工具栏中的【复制】按钮,如图9-26所示,即可复制一条字幕,修改文字内容并调整位置和长度即可。按照同样的方法,为整条Vlog添加字幕。

图9-23　　　　　　图9-24　　　　　　图9-25　　　　　　图9-26

9.3.6　添加背景音乐

①将时间指示器指针移至视频的开头,点击【音频】按钮,如图9-27所示。

②点击【音乐】按钮,如图9-28所示。

③进入【添加音乐】界面,点击【导入音乐】,然后点击【本地音乐】,如图9-29所示。

④界面下方会显示所有的本地音乐,点击音乐名称可试听,选择好需要添加的音乐后,点击【使用】按钮即可,如图9-30所示。

⑤添加音乐后手动调整音乐的起始位置、时长及音量。

图9-27　　　　　　图9-28　　　　　　图9-29　　　　　　图9-30

9.3.7　制作片头、片尾

1. 制作片头

①选中时间轴中的第一段视频,点击其右侧的【添加】按钮,如图9-31所示。

②点击【素材库】，选择黑色背景图片，选中【高清】单选项，然后点击【添加】按钮，如图 9-32 所示。添加后修剪图片时长为 1 秒。

③为片头添加字幕。输入文本"打工人的一天"，并添加"太阳"图标，然后点击【动画】，选择【打印机 I】，设置效果时长为 1 秒，点击【√】按钮，如图 9-33 所示。最后修剪字幕的时长为 1 秒，如图 9-34 所示。

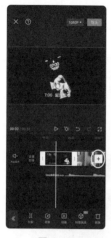
图 9-31

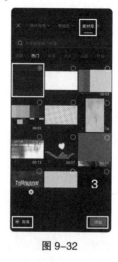
图 9-32

图 9-33

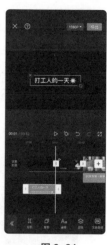
图 9-34

2. 制作片尾

片尾的制作方法与片头相同。

①在片尾处添加一张黑色背景图片，修剪图片时长为 2 秒。

②为片尾添加字幕。输入文本"22:30 回房间睡觉~"，如图 9-35 所示。修剪字幕的时长为 2 秒，然后将时间指示器指针移至片尾的 1 秒位置，添加字幕"平淡且充实的一天又结束啦"，设置入场动画为【羽化向右擦开】，设置效果时长为 1 秒，如图 9-36 所示。修剪第二段字幕的时长为 1 秒，与片尾结尾处对齐，如图 9-37 所示。

③调整音频的长度，使其与整个视频的长度相同，如图 9-38 所示。

图 9-35

图 9-36

图 9-37

图 9-38

↘9.3.8　导出短视频

视频剪辑完成后，从头到尾认真浏览一遍，调整不合适的部分。点击剪映 App 右上角的视频设置按钮，设置分辨率和帧率，然后点击【导出】按钮，即可将制作好的视频导出到手机相册中。

9.4　Vlog 的发布

①启动抖音，进入短视频拍摄界面。在【相册】中选择制作好的 Vlog，点击【下一步】按钮，如图 9-39 所示。进入短视频编辑界面，由于该短视频已经剪辑完成，预览完成后，直接点击【下一步】按钮即可。

②进入发布界面，输入文案"又是努力工作的一天。加油，打工人！"。然后点击右上角的【选封面】选择一个封面。点击【# 话题】按钮，在话题列表中选择播放次数较多的话题，如"#vlog日常""# 打工人"等。设置完成后，点击【发布】按钮，如图 9-40 所示，即可发布短视频。

③打开微信朋友圈界面。点击右上角的【拍摄】按钮，选择【从相册选择】选项，打开手机相册，选择下载好的 Vlog。进入视频编辑界面，点击右上角的【用视频号发完整视频】，进入微信视频号发布界面，添加描述及话题等内容，然后点击【发表】按钮，如图 9-41 所示，即可将短视频发布到微信视频号。

图 9-39　　　　　　　图 9-40　　　　　　　图 9-41

思考与练习

一、单项选择题

1. 从小巧轻便方面考虑，一个人拍摄 Vlog 时优先推荐的拍摄设备是（　　　）。
A. 微单相机　　　　　　B. 单反相机　　　　　　C. 手机　　　　D. 以上都不合适
2. 跟随主体旋转，或者跟拍移动主体属于（　　　）。

A. 一镜到底　　　　B. 跟随镜头　　　　C. 移动摇镜　　D. 前推后拉
3. 以下手机帧率的设置中质量最高的是（　　　）。

A. 25帧/秒　　　　B. 30帧/秒　　　　C. 50帧/秒　　　D. 60帧/秒

二、多项选择题

1. 以下关于拍摄时保持画面稳定的方法正确的有（　　　）。

A. 使用手机稳定器　　　　　　　　B. 使用三脚架

C. 手肘靠在躯干上　　　　　　　　D. 用眼睛看

2. 以下属于拍摄前的设置和准备工作的有（　　　）。

A. 确定服饰、妆容　　　　　　　　B. 使用运镜技巧

C. 确定画幅形式　　　　　　　　　D. 调整分辨率

3. 以下属于制作 Vlog 的流程的有（　　　）。

A. 撰写脚本　　　　B. 明确内容　　　　C. 拍摄视频　　D. 剪辑制作

三、判断题

1. 拍摄 Vlog 前需要在手机中设置拍摄短视频的分辨率和帧率。（　　　）
2. 制作 Vlog 时，可以根据用户喜好随意选择画幅形式。（　　　）
3. Vlog 服装要结合人设、视频剧情的需要，可以选择淡色系。（　　　）

四、技能实训

1. 以"我的大学生活的一天"为主题策划并制作一条不少于 1 分钟的 Vlog。
2. 自拟主题，拍摄一条不少于 2 分钟的 Vlog，并给出具体的策划方案。

五、思考题

1. 简述拍摄 Vlog 时可以使用哪些运镜技巧。
2. 简述剪辑 Vlog 时为何要遵循减法原则。
3. 简述空镜头的作用及剪辑注意事项。

10

第 10 章
综合实战——拍摄与制作
商品宣传片

学习目标

* 掌握商品宣传片的策划方法
* 掌握商品宣传片的拍摄方法
* 掌握商品宣传片的剪辑方法
* 掌握商品宣传片发布与运营的方法

课前思考

　　短视频已成为各行各业采用的营销方式。短视频可以快速、全面地展示商品的全貌以及细节，可以获得更多的浏览和关注，因此深受广大买家的喜爱。现在，我们打开淘宝浏览商品时，不仅可以看到图文详情介绍，还可以通过观看短视频，看主播讲解商品的细节，或者是看拍摄花絮。

　　短视频可以直观地展示商品的详情，短视频拍得好，可以增强买家的购物欲望。淘宝短视频的吸引力取决于创意、画面、包装、声音和节奏等。好的创意能引起人们的观看兴趣；精美的画面有冲击力；创意的包装是激起人们观看欲望的重要因素；而具有特色的配乐，更是对听觉的触动。

　　淘宝短视频制作的目的是将商业信息有效地传递给消费者，所以一条贴近消费者、能引起消费者好感和满足消费者购买需求的商品宣传片很重要。

　　思考题

　　1. 结合案例内容，谈谈你对商品宣传片的理解。

　　2. 你在电商购物时会关注商品宣传片吗？你认为什么样的商品宣传片更具吸引力。

10.1 商品宣传片的策划

商品宣传片可以让平面图片变得生动形象，可以让产品变得真实具体，更加详细地展示产品细节，为店铺提高转化率。要想制作出高质量的商品宣传片，离不开精心的策划筹备。

制作商品宣传片的第一步是对商品宣传片进行策划，包括明确商品宣传片的内容并撰写商品宣传片的拍摄提纲。

10.1.1 明确商品宣传片的内容

常用的商品宣传片类型主要有主图视频和详情页视频两种，下面分别进行介绍。

①主图视频。主图视频是消费者进入店铺最先看到的商品视频，它处在主图的位置，放在主图的前面，这足以证明它的重要性。主图视频的主要功能是引流，提高店铺转化率，它通常会展示商品的外观、卖点、使用场景、使用方法及品牌等，通过短短几秒或者几十秒的时间，生动形象地将商品的卖点、功能、特点都展示出来。相比静态图片，消费者更愿意看主图视频。图 10-1 所示为京东网站上的一款多功能电煮锅的主图视频。

②详情页视频。详情页视频就是在商品详情页中插入的视频，通常用于展示商品的使用方法或商品的使用效果。详情页视频的主要功能不是引流，而是刺激消费者购买，提高转化率。图 10-2 所示为京东网站上的一款多功能电煮锅的详情页视频。

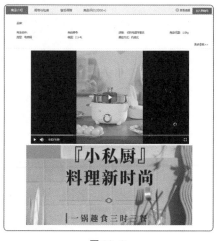

图 10-1 图 10-2

下面介绍如何制作迷你电热杯的主图视频，在制作时要将迷你电热杯的使用场景及氛围体现出来，并通过文字介绍电热杯的卖点，然后添加音乐，增加视频的趣味性。

10.1.2 撰写商品宣传片的拍摄提纲

短视频的内容以展示商品为主，且没有剧情，所以脚本类型选择拍摄提纲。主要内容是展示迷你电热杯的外观、材质、功能、使用方法、使用范围、特点描述等，所以各个镜头也要按照商品展示的流程安排，迷你电热杯的拍摄提纲如表 10-1 所示。

表10-1　迷你电热杯的拍摄提纲

提纲要点	提纲内容
外观	杯体（带盖、带勺）和加热底座
材质	陶瓷杯体，钢化玻璃底座
功能	55℃恒温
使用方法	重力感应，落杯加热，起杯断电
使用范围	百搭
特点描述	加热无味，安全防水

10.2　商品宣传片的拍摄

商品宣传片的拍摄比较简单，首先需要准备拍摄工具，接着进行拍摄前的设置和准备，最后进行商品宣传片的拍摄。

↘10.2.1　准备拍摄工具

商品宣传片通常选择单反相机作为拍摄设备，另外还需要准备三脚架、布光灯和办公桌等，具体操作步骤如下。

①给相机充满电，保证电量充足。

②查看相机的存储空间是否足够，以保证充足的存储空间。

③用专业的镜头纸擦拭相机的镜头，然后擦拭相机屏幕。

④为了保证视频拍摄的稳定性，准备一个三脚架，尽可能选择重一点的三脚架，重一点的三脚架稳定性更好。

⑤准备一盏布光灯，并准备一个柔光板和一个反光板。

⑥准备一张办公桌，为了配合拍摄，拍摄者还可以准备一张桌布或背景板，这里选择一个浅粉色的背景板。

↘10.2.2　拍摄前的设置和准备

①布置拍摄场景。拍摄工具准备好以后，需要根据不同商品布置好拍摄场景。场景的布置要与演员服饰和妆容的整体风格相符，环境也要符合商品宣传片的主题。例如，运动类广告要选择运动场景，加热杯广告要选择办公场景，这样才能让观众有代入感。另外，道具的选择也很重要，要能更好地衬托商品，美化画面。如果在室内拍摄，拍摄者还需要进行相应的布光。

②保证商品洁净。在拍摄视频前，要确保商品本身洁净。对商品的清理既要全面又不能损害商品。清理的标准是商品上不能有任何明显的灰尘、线头、手印等，这些瑕疵在镜头下会非常明显。

③整理商品外观。如果商品的质地过于松垮，建议在拍摄前进行整理，避免影响商品的形象。整理商品时需要美化商品的外观，使其具有独特的设计感与美感。例如，加热杯要注意摆放的

角度，做到既能展示出商品的全貌又能不失美感。

④选择合适的演员。基于策划的拍摄脚本，选择合适的演员。演员的选择需要满足拍摄的需求，如本例中策划的是一条介绍商品的短视频，因此需要一名演员通过肢体演示商品，这时就要保证手部干净整洁。

 小贴士

清理商品时需要戴上手套，用软布、软毛刷、清洁剂等仔细清理。

⬐ 10.2.3　进行商品宣传片的拍摄

1. 拍摄要求

前期准备工作就绪后，拍摄者就可以开始实际拍摄了。下面介绍拍摄商品宣传片的几个要求。

①突出商品的主体地位。拍摄者要将商品放到醒目的位置，并尽可能占据大部分画面。拍摄者可以选择合适的陪体来突出商品的主体地位，并选用简单的背景，避免分散消费者的注意力。

②商品要真实、靠谱。拍摄者在拍摄商品时，内容的表达要真实可靠，尽量消除现实和想象中的差距，把商品真实地展现在消费者面前，这样才会得到消费者的信赖；同时拍摄者还应从多种角度展示商品，给消费者更直观的感受，从而更自然地吸引消费者。

③画面的整体风格要统一。拍摄视频时要进行合理的色彩搭配，还要统一风格和形式。例如，拍摄场景的风格要和店铺的风格一致，出镜演员的气质、服饰要与店铺形象契合，这样可以极大地提升视觉效果。另外，拍摄者使用多机位拍摄时，还要保证视频的色彩和亮度一致。

2. 拍摄技巧

拍摄商品是比较复杂的任务，为了保证视频的质量，提升视觉效果，拍摄者还需要掌握一定的拍摄技巧。下面介绍几种商品拍摄的技巧。

①好的构图是关键。视频与图片相比是动态的，动态画面实质上是由一个个静态画面组成的。在拍摄过程中拍摄者要对画面构图进行很好的设计，注意景别和拍摄角度，使视频画面清晰、赏心悦目。

②注意光线的运用。好的光线可以为视频锦上添花，而太亮或者太暗的光线则会破坏视频画面。如果画面太亮或者太暗，那么可以改变商品位置或重新找拍摄角度，合理运用顺光、逆光、侧光等营造想要的拍摄画面。当场地的光线不足时，拍摄者可以使用补光灯。

③要懂得运镜。拍摄者在拍摄时注意不要用同一个焦距、同一个姿势拍完全程，画面要有一定的变化，可以通过推、拉镜头等操作来丰富画面。在拍摄同一个场景时，拍摄者可以从全景、中景、近景等多个角度切换画面，避免画面单调。

④画面稳定很重要。高质量的视频的基础是画面稳定与清晰。可以利用防抖器材来保持画面稳定。例如，在固定机位时，三脚架是很好的辅助工具。而在无法使用三脚架的情况下，拍摄者要注意拍摄的动作和姿势，避免动作的大幅度调整。例如，在移动拍摄的过程中拍摄者需要将手肘夹在身体两侧，保持上身稳定，下身缓慢移动；在转动拍摄时，拍摄者应尽量保持双手关节不动，这样拍摄出来的视频画面会更稳定。

10.3 商品宣传片的剪辑（Premiere）

扫一扫
商品宣传片的剪辑
（Premiere）

剪辑人员在剪辑短视频之前，首先要确定剪辑思路，这会直接影响作品质量和剪辑效率。

商品宣传片的时长不能过长，信息要简明扼要、清晰，即在有限的时间内传递明确的信息，把商品卖点和细节介绍清楚，让消费者能在短时间内准确地掌握有效信息，勾起消费者的购买欲。下面介绍制作迷你电热杯的主图视频，具体操作如下。

 知识拓展

在制作商品主图视频时，建议将视频时长控制在 60 秒以内，一般宽高比为 16∶9、1∶1、3∶4，建议尺寸为 750 像素 ×1000 像素或 1920 像素 ×1080 像素，支持 MOV、MP4 等格式。详情页视频不宜超过 10 分钟，一般宽高比为 16∶9，尺寸为 1280 像素 ×720 像素，支持 MOV、MP4 等格式。

◥ 10.3.1　新建项目并导入素材

①启动 Premiere，在【主页】对话框中单击【新建项目】按钮，如图 10-3 所示。

图 10-3

②打开【新建项目】对话框，在【名称】文本框中输入"迷你电热杯 – 主图"，单击【位置】文本框右侧的【浏览】按钮，设置项目的保存位置，其余选项默认不变，单击【确定】按钮，如图 10-4 所示。

③在【项目】面板的空白处双击，如图 10-5 所示。打开【导入】对话框，选中需要导入的素材，单击【打开】按钮，如图 10-6 所示，即可在【项目】面板中显示导入的素材。

图 10-4 　　　　　　　　　　　　　　　　　　图 10-5

图 10-6

10.3.2　新建序列并为视频调速

①单击【项目】面板右下角的【新建项】按钮,在列表中选择【序列】选项,如图 10-7 所示。

②打开【新建序列】对话框,切换到【设置】选项卡,将【编辑模式】设置为【自定义】,【时基】设置为【25.00 帧 / 秒】,水平方向的【帧大小】设置为【1920】,垂直方向的【帧大小】设置为【1080】,【像素长宽比】设置为【方形像素 (1.0)】,其他参数保持默认设置,单击【确定】按钮,如图 10-8 所示。

图 10-7 　　　　　　　　　　　　　　　　　　图 10-8

③选中导入的两段素材，将其拖入【时间轴】面板中，发现视频总时长超过 1 分钟，因此需要对视频进行调速处理。在第 1 段视频素材上右击，在弹出的快捷菜单中选择【速度 / 持续时间】选项，如图 10-9 所示。打开【剪辑速度 / 持续时间】对话框，将【速度】调整为【120%】，如图 10-10 所示。按照同样的方法将第 2 段视频素材的【速度】调整为【150%】，如图 10-11所示。

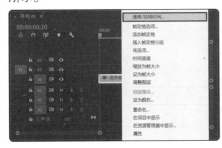

图 10-9　　　　　　　图 10-10　　　　　　　图 10-11

10.3.3　添加视频过渡

①在【项目】面板中打开【效果】面板，找到【视频过渡】选项，然后在【溶解】组中找到【交叉溶解】选项，将其拖至【时间轴】面板的两段视频素材的首尾相接处，释放鼠标左键后弹出【过渡】对话框，单击【确定】按钮即可，如图 10-12 所示。

图 10-12

②在【时间轴】面板中选中过渡效果，打开【源】面板的【效果控件】面板，可以设置【交叉溶解】的持续时间和对齐方式，这里将【持续时间】设置为 1 秒，【对齐】设置为【中心切入】，如图 10-13 所示。

图 10-13

↘ 10.3.4　为视频调色

①单击【项目】面板右下角的【新建项】按钮，在列表中选择【调整图层】选项，如图 10-14 所示。打开【调整图层】对话框，单击【确定】按钮，如图 10-15 所示。

图 10-14　　　　　　　　　　　　　　　　　图 10-15

②将【调整图层】拖至 V2 轨道，然后拖动【调整图层】的末端至与视频素材同样的长度，如图 10-16 所示。

③在窗口上方选择【颜色】，切换到【颜色】工作区，此时窗口右边会显示【Lumetri 颜色】面板，在该面板中可以对各个颜色参数进行设置，如图 10-17 和图 10-18 所示，调整前后的对比效果如图 10-19 所示。

图 10-16

图 10-17　　　　　　　　图 10-18　　　　　　　　图 10-19

10.3.5　添加字幕

①在窗口上方选择【图形】,切换到【基本图形】工作区，再切换到【浏览】选项卡，可以看到软件自带的字幕模板，拖动右侧的滑动条选择一款合适的模板，并将其拖入 V3 轨道，如图 10-20 所示。

②选择文字工具，将指针移至【节目】面板文字的上方，按【Ctrl+A】组合键全选模板中的文字，输入"陶瓷杯体 热饮无异味"，拖动播放指示器查看画面，然后调整文字的位置和持续时间，使文字与画面更匹配，完成字幕的添加，如图 10-21 所示。

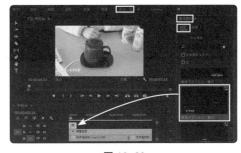

图 10-20

③选中插入的字幕，按住【Alt】键的同时向右拖动，即可复制该字幕。输入文字"细腻钢化玻璃 安全防水"，然后调整文字的位置和持续时间，如图 10-22 所示。

④按照同样的方法，将其他文字添加到视频中。

图 10-21

图 10-22

10.3.6　添加背景音乐

①在【项目】面板的空白处双击，打开【导入】对话框,选中需要导入的音频素材"1",单击【打开】按钮，即可在【项目】面板中显示导入的音频素材。将导入的音频素材拖入 A1 轨道，如图 10-23 所示。很明显，当前音频轨道的长度超过了视频轨道的长度，因此需要将多余的部分剪掉。

图 10-23

②选择剃刀工具，在与视频轨道的末端齐平的位置单击，此时音频被分为两段，如图 10-24 所示。再选择选择工具，选中最后一段音频，按【Delete】键删除，效果如图 10-25 所示。

图 10-24　　　　　　　　　　　　　　　图 10-25

③打开【效果】面板，展开【音频过渡】选项，展开【交叉淡化】选项，选择【恒定功率】，并将其拖到音频轨道的末端，如图 10-26 所示。这样处理会让音频过渡自然，不会给人戛然而止的突兀感。

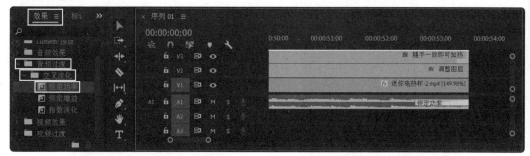

图 10-26

10.3.7　导出视频文件

选择菜单栏中的【文件】→【保存】命令，保存项目。然后选择菜单栏中的【文件】→【导出】→【媒体】命令，打开【导出设置】对话框，在【格式】下拉列表中选择【H.264】。单击【输出名称】右侧的文件名，打开【另存为】对话框，选择视频的保存位置，输入名称"迷你电热杯 – 主图"，单击【保存】按钮，返回【导出设置】对话框。单击【导出】按钮即可，如图 10-27 所示。

图 10-27

10.4 商品宣传片的发布

短视频剪辑完成后，就可以发布到淘宝店铺中。以下是商品短视频上传与发布的方法。

①登录淘宝网，进入千牛卖家中心，在左侧列表栏中单击【商品】，在【商品管理】列表中单击【视频空间】超链接，进入【选择视频】界面。添加制作好的商品视频后，单击【立即发布】按钮，如图10-28所示。稍等片刻，审核完成后即可发现视频上传成功。

②在【商品管理】列表中单击【发布宝贝】超链接，进入发布界面。输入商品信息后，切换到【图文描述】选项卡，在该界面中可以上传主图视频，选择【视频空间选择】选项，如图10-29所示。

③打开选择视频界面，选择上传的商品视频，单击【确定】按钮。返回【图文描述】界面，发现主图视频上传完成。完成其他内容的输入和设置后，单击【提交宝贝信息】按钮，如图10-30所示，完成商品视频的发布。

图 10-28

图 10-29

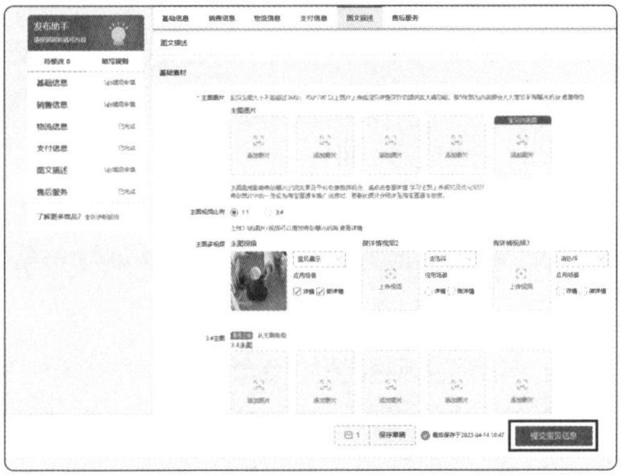

图 10-30

淘宝主图视频，除了可以在淘宝店铺展示，还可以在其他视频网站播放，如可以上传到一些知名的视频网站。知名的视频网站有很多用户，这些用户都是店铺的潜在客户，用户通过视频网站看到主图视频，如果感兴趣，会到淘宝网站搜索商品，从而为店铺引流。

既然做好了主图视频，就要尽可能发挥它的价值。我们还可以将主图视频发布到社交媒体上，比如微信、QQ、微博等，起到宣传引流的效果。

思考与练习

一、单项选择题

1. 以下不属于商品宣传片拍摄的常用设备的是（   ）。

    A. 单反相机　　　　 B. 三脚架　　　　 C. 手机　　　　　 D. 布光灯

2. 以下不属于拍摄商品宣传片的要求的是（   ）。

    A. 突出商品的主体地位　　　　　 B. 商品要真实、靠谱

    C. 画面的整体风格要统一　　　　　 D. 要有专业演员展示

3. 以下剪辑速度中，持续时间最长的是（   ）。

    A. 80%　　　　　 B. 60%　　　　　 C. 100%　　　　 D. 120%

二、多项选择题

1. 在清理用于拍摄的商品时可以使用的工具有（   ）。

    A. 手套　　　　　 B. 软布　　　　　 C. 软毛刷　　　　 D. 清洁剂

2. 商品主图视频的一般宽高比为（   ）。

    A. 16∶9　　　　 B. 4∶3　　　　　 C. 1∶1　　　　　 D. 3∶4

3. 淘宝主图视频除了可以在淘宝店铺展示，还可以在（   ）上展示。

    A. 知名视频网站　 B. 微信　　　　　 C. QQ　　　　　 D. 微博

三、判断题

1. 商品宣传片的时长越长越好，这样可以把商品卖点和细节介绍清楚。（   ）

2. 商品宣传片的拍摄环境不需要符合商品宣传片的主题，好看即可。（   ）

3. 拍摄商品时要将其放到醒目的位置，并尽可能占据大部分画面。（   ）

四、技能实训

1. 自选商品并搭配道具，拍摄一组宣传视频，要求体现出商品的特点及用途。

2. 利用拍摄好的商品视频素材制作一条 1 分钟以内的广告短视频。

五、思考题

1. 简述主图视频的概念。

2. 简述详情页视频的概念。

3. 简述拍摄商品宣传片需要注意的问题。